2020

国际种业科技动态

◎ 张晓静　郑怀国　秦晓婧　编译

中国农业科学技术出版社

图书在版编目（CIP）数据

2020 国际种业科技动态 / 张晓静，郑怀国，秦晓婧编译. -- 北京：中国农业科学技术出版社，2021.10

ISBN 978-7-5116-5510-3

Ⅰ. ① 2… Ⅱ. ①张… ②郑… ③秦… Ⅲ. ①种子 – 农业产业 – 科学技术 – 研究报告 – 世界 –2020 Ⅳ. ① F316.1

中国版本图书馆 CIP 数据核字（2021）第 198016 号

责任编辑 姚 欢 申 艳
责任校对 马广洋
责任印制 姜义伟 王思文

出　　版 中国农业科学技术出版社
北京市中关村南大街 12 号　　邮编：100081
电　　话（010）82106631（编辑室）
（010）82109702（发行部）（010）82109709（读者服务部）
传　　真（010）82106631
网　　址 http://www.castp.cn
经　　销 各地新华书店
印　　刷 北京建宏印刷有限公司
开　　本 170mm × 240mm　1/16
印　　张 15.75
字　　数 280 千字
版　　次 2021 年 10 月第 1 版　　2021 年 10 月第 1 次印刷
定　　价 80.00 元

《2020国际种业科技动态》
编译人员

主 编 译：张晓静　郑怀国　秦晓婧
编译成员：赵静娟　颜志辉　龚　晶
王爱玲　串丽敏　贾　倩
张　辉　齐世杰　李凌云
祁　冉

前　言

农业是人类赖以生存的产业，而种业是农业的芯片，战略地位突出，是农业效率提升的关键。科技是推动种业发展的决定性力量。当今全球人口不断增长，对粮食需求持续增加，但同时也面临着全球水资源短缺、气候变化等不利因素的挑战。应对这些挑战，在很大程度上需要依靠科技进步。

近年来，为持续跟踪国际种业科技动态，本书作者单位利用微信公众号“农科智库”，持续跟踪监测国外知名农业网站的最新科技新闻报道，从海量资讯中挑选价值较大的资讯，经情报研究人员编译之后，通过该微信公众号面向科技人员进行推送，以期为科技人员了解种业相关的农业学科或领域的研究动态提供及时、有效的帮助。为进一步发挥资讯的科研参考价值，现将2020年“农科智库”平台发布的205条资讯进行归类整理，以飨读者。

这些资讯主要聚焦生物遗传育种中的基因组学、功能基因、分子育种技术、表型组学等学科，涵盖了植物育种、动物育种、产业发展、政策监管等领域。为方便读者查阅，本书本着实用性对资讯进行了简单归类。归类的原则有二：一是学科与领域相结合原则，尽可能按照学科进行分类，但又不完全按照学科或领域进行分类；二是学科或领域靠近原则，即资讯内容若涉及多个学科或领域，则归类到最靠近的学科或领域。

将资讯归类整理后，大致可以发现2020年国际种业科技研究热点主要集中在“基因组学”“功能基因及遗传改良”“分子育种技术”“表型组学及育种信息化”“品种检测及种子处理技术”“动物繁育技术”“动物育种模型”“种质资源保护”“COVID-19疫情应对”等方面。此外，还为读者提供了欧美等种业科技发达国家、地区的种业科研政策监管、规划项目和生物技术年度报告，从中也可以捕捉和了解种业领域的科研动向。

需要说明的是，由于采用了学科与领域相结合的分类原则，因此，不论一级分类，还是二级分类，都可能存在范围交叉与重叠之现象。本书资讯分类在兼顾科学性的基础上，更注重实用性。由于时间和水平有限，疏漏与不足之处在所难免，还请广大读者批评指正。

作者

2021年5月于北京

目 录

植物育种

动物育种

产业发展

政策监管

规划与项目

生物技术年报及分析

植物育种

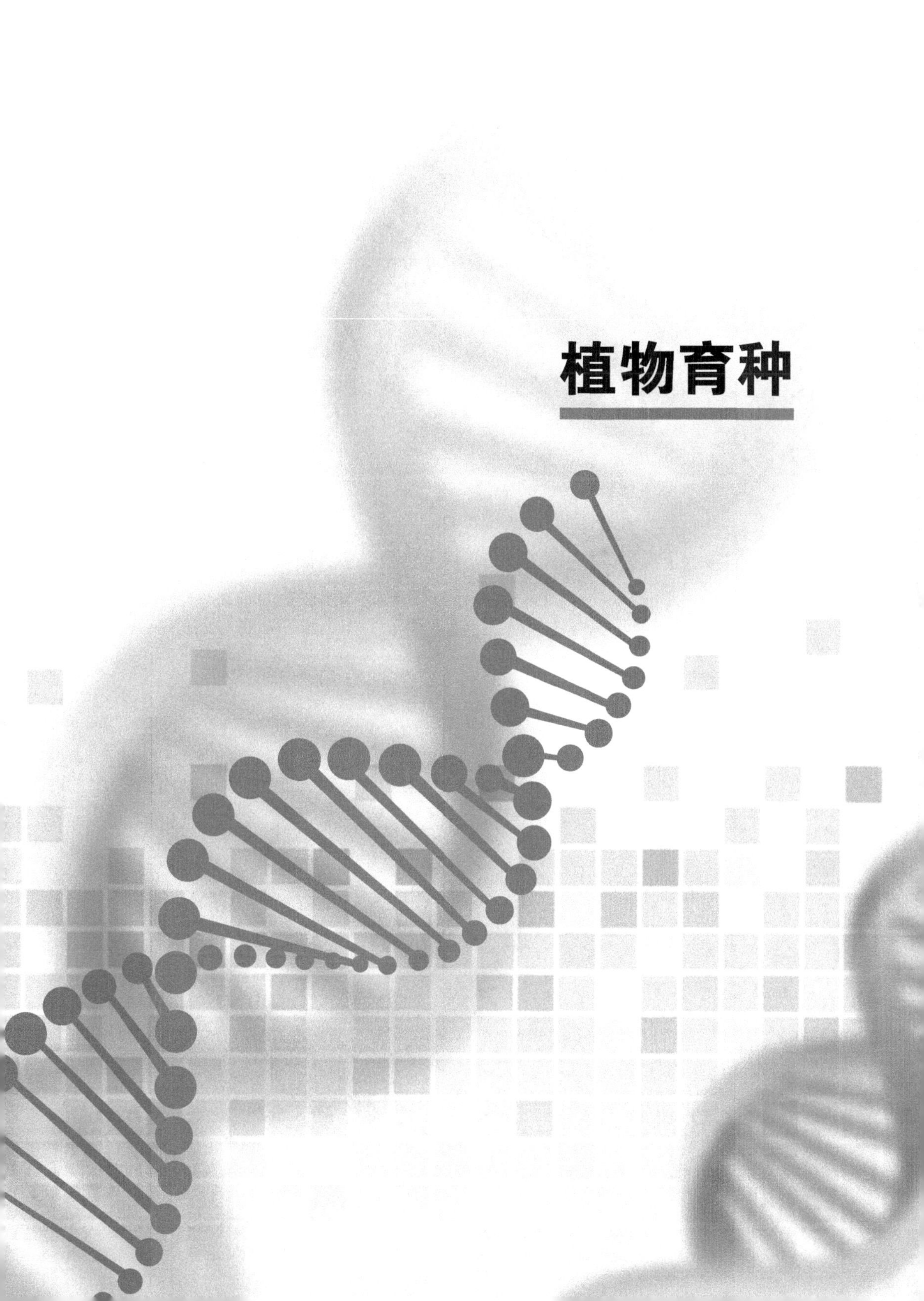

基因组学

里程碑式研究为世界小麦构建了首个基因组图谱

由加拿大萨斯喀彻温大学（The University of Saskatchewan）领导的国际团队对来自世界各地的 15 个小麦品种进行了基因组测序，提供了迄今为止所报道的最全面的小麦基因组序列图谱，研究小组将其描述为泛基因组。该研究成果已发表在《自然》（*Nature*）杂志上。

这项研究的目的是确定来自多个大陆育种项目的多个小麦品种的完整 DNA 序列，详细说明在这个过程中哪些地方可以发现这些不同品种的重要基因，从而提高育种效率。研究团队使用小麦单倍型方法为提高小麦育种的效率和精度提供了强大的框架，这将有助于研究人员实施将新的遗传多样性引入现代种质的战略，确定研究目标的优先顺序，并组装新的基因组合以优化这一全球关键作物的农艺表现。

这项研究隶属“10+ 基因组计划”（10+ Genome Project），涉及来自加拿大、瑞士、德国、日本、英国、沙特阿拉伯、墨西哥、以色列、澳大利亚和美国等国的超过 95 名科学家。

来源：Nature

最新研究揭示小麦多样性对作物改良的意义

为促进有效利用玉米和小麦遗传多样性，“发现种子计划”（SEED）的研究人员对来自国际玉米和小麦改良中心（International Maize and Wheat

Improvement Center，CIMMYT）和国际干旱地区农业研究中心（International Center for Agricultural Research in the Dry Areas，ICARDA）种质库的 79 191 个小麦样本进行了基因特征分析。研究结果已于近期发表在《自然通讯》（*Nature Communications*）上，这项研究对全球种植的两种主要小麦（普通小麦和硬粒小麦）和 27 种已知野生物种进行了大规模基因分型和多样性分析。

小麦是全球种植最广泛的作物，年产量超过 6 亿吨，大约 95% 的谷物是普通小麦，剩下的 5% 是硬粒小麦。

这项研究的主要目的是确定 CIMMYT 和 ICARDA 的国际种质库中样本的遗传多样性。研究人员的目标是通过定位遗传变异来了解这些多样性，从而确定对小麦育种有用的基因。

研究结果显示，在普通小麦中存在明显的生物类群，研究同时表明，存在于地方品种中的很大一部分遗传多样性没有被用于开发高产、适应性强和营养丰富的新品种。这项研究还发现，除了埃塞俄比亚的一小部分样品外，硬粒小麦的遗传多样性在现代品种中表现得更好。

研究人员绘制了从小麦样本基因分型中获得的基因组数据，以精确定位分子标记的物理和遗传位置，这些分子标记与这两种类型的小麦和作物的野生近亲存在的特征相关。

来源：CIMMYT

英国利用单倍型新方法提高小麦育种精度

英国约翰·英纳斯中心（John Innes Centre）的小麦研究人员的一项新研究发现：利用单倍型（单倍体基因型）的方法可以提高小麦育种精度，从而支持作物改良。研究结论已发表在学术期刊《通讯生物学》（*Communications Biology*）上。

利用自然变异进行作物遗传改良是提高作物生产力的重要途径。尽管目前的基因组技术可用于遗传变异的高通量鉴定，但缺乏有针对性地、系统地开发这种遗传潜力的方法。

约翰·英纳斯中心的研究团队开发了一种基于单倍型的方法，利用来自 15 个小麦品种的基因组组合来鉴定作物改良的遗传多样性。研究人员使用严格的标准来识别相同的单倍型，并将这些单倍型与几乎相同的序列（约 99.95% 的一致性）区分开来，发现每个品种与其他测序品种共享约 59% 的基因组，并检测到在所有小麦染色体上都存在包含数百到数千个基因的扩展单倍型区块。研究人员成功地利用这种方法从地方品种中集中发现了新的单倍型，并记录了它们在现代面包小麦性状改良方面的潜力。这项研究为定义和利用单倍型提高小麦育种的效率和精确度以优化这一关键作物的农艺性能提供了一个框架。

来源：英国约翰·英纳斯中心

百事可乐和Corteva Agriscience宣布对全燕麦基因组测序

百事可乐（PepsiCo）和 Corteva Agriscience 公司（陶氏杜邦负责农业和特殊产品的独立子公司）宣布首次对燕麦全基因组进行测序，结果将向社会公开。在学术界、政府和私营部门的共同努力下，这项工作在短短 4 个月内完成，将提高高危食品系统的弹性，同时带来更健康的燕麦品种，具有更好的可持续性、营养和口感。

这项燕麦基因组研究的发布旨在刺激全球农艺创新，可以通过以下方式提高食品系统的弹性。

1. 可持续性

通过选育高产品种，可以培育更具抗逆性的品种，从而提高抗病性并防止田间损失；创造更长的根系和更健康的土壤，以固碳和减少水的流失；减少种植燕麦所需的土地和其他资源。

2. 营养

燕麦谷物富含纤维和必需营养素。了解完整的燕麦基因组可以提高定位这些品质的能力，最终有利于消费者从燕麦中获取更高的营养成分。

3. 口味

燕麦的营养价值是有据可查的，通过创造更多可口的品种来鼓励消费者食用，有助于扩大其吸引力。

萨斯喀彻温大学作物发展中心副教授 Aaron Beattie 指出，该品系具有良好的品质特性组合，包括高 β－葡聚糖、蛋白质和碾磨产量，对冠锈病和黑穗病等病害的抗性，以及矮小植株的良好产量潜力。现在对其潜在特性的了解和研究，将最终帮助育种者改善燕麦的品质。

该研究团队的主要成员及分工情况为：Corteva Agriscience，提供先进的测序技术和分析技术；北卡罗来纳夏洛特大学，提供关键的序列数据；萨斯喀彻温大学作物发展中心，提供燕麦品种。这些数据保存在美国农业部农业研究服务处的 GrainGenes 网站：https://wheat.pw.usda a.gov/jb/?data=/ggds/oat-ot3098-pepsico。

来源：European Seed

欧美玉米遗传异同研究

近期，德国研究人员对欧洲玉米基因组进行了解码。与北美玉米系相比，他们发现了表型差异背后的变异，这一发现将有助于更好地发挥杂交优势在高产育种中的作用。该研究由德国环境健康研究中心植物基因组和系统生物学系（Helmholtz Zentrum München, Department of Genomics and Systems Biology of Plant Genomes）、慕尼黑工业大学生命科学学院（TUM School of Life Sciences）、莱布尼茨植物遗传和作物研究所（Leibniz Institute of Plant Genetics and Crop Plant Research，IPK）、波恩大学（The University of Bonn）和德国 KWS SAAT SE 公司合作进行，得到了德国联邦教育研究部和巴伐利亚州环境与消费者保护部的资助。

欧洲玉米基因组首次解码

德国研究人员成功破译了欧洲玉米的基因组。他们利用现代测序技术和生物信息学方法分析了4种不同的欧洲玉米系，发现这些品系的遗传内容和基因组结构，与来自北美的两个品系有显著差异。

此外，所谓的旋钮区域（Knob Regions，玉米DNA中的浓缩染色质区域）在这些玉米系中差异很大。已知旋钮区域会影响邻近的基因，在旋钮更明显的区域，周围的基因是无法被读取的，这导致了基因功能的丧失。

杂交优势的潜在原因被揭示

杂交优势表现为杂交后代的植株要比亲代高大，产量也高得多。如果亲代的特定基因（如决定玉米植株高度的基因）在某一地区不存在或无法读取，将会影响后代的高度。通过与含有必要遗传因子的植物杂交，这种缺陷可以在下一代得到弥补。虽然杂交优势在育种中经历了很长时间的开发，但杂交优势的遗传和分子基础尚未被完全了解。

研究人员推测，基因含量的不同、基因调控的不同以及旋钮区域的影响可能是造成杂种优势效应的原因。为验证这一推测，研究人员不仅会分析不同玉米品系的基因组，还将重点放在可能影响特定基因功能的潜在表观遗传过程上。如果该推测被证明是正确的，杂种优势将在未来的玉米育种中得到更有效的应用。

来源：德国环境健康研究中心

CIMMYT发布其首个玉米遗传资源系

2020年10月26日，国际玉米和小麦改良中心发布了一种新型玉米自交系，名为CIMMYT玉米遗传资源系（CMGRL）。CMGRL是由CIMMYT的优良品系与CIMMYT种质库中的地方品种、种群或合成材料杂交而成的。

尽管在选育过程中被赋予了高标准的产量性状和农艺性状，但CMGRL未能直接用于商业杂交，而是被育种者用作重要经济性状的新等位基因的来源。这些品系也将有助于对非生物和生物性状的潜在遗传机制的研究。

目前，该玉米遗传资源育种团队在抗旱、耐热、焦油斑病（TSC）抗病性、蓝粒色系和杂交种等方面都已开展项目研究。根据明确的需求，这些项目中研究的特定性状的最佳品系将被重组，生产出自由授粉品种，并向公众提供。

首批 CMGRL 包括 5 个在花期和灌浆期耐旱的亚热带株系和 4 个抗旱性热带株系。所有 CMGRL 的表型和基因型数据都将在网上公布。

来源：ISAAA

泛基因组研究“撬动”大豆革命

2020 年 6 月 17 日，《细胞》（*Cell*）在线发表中国科学院遗传与发育生物学研究所研究员田志喜团队关于大豆泛基因组的研究进展。该研究突破传统线性基因组的存储形式，在植物中首次实现基于图形结构基因组的构建。这项研究将引领全新的下一代基因组学研究思路和方法，被《细胞》杂志审稿人称为“基因组学的里程碑式工作”。

传统研究方法无法支撑复杂变异相关研究

基于图形结构泛基因组研究打破了传统基因组线性存储遗传信息的方式（ATCG 等碱基按照顺序排列到染色体），是结合了传统基因组存储方式和图论的一种新型基因组存储方式。其优势是可以存储某物种中不同个体的遗传变异信息，从而真正代表一个物种的遗传信息，而非特定个体的遗传信息。此项研究还处于起步阶段。

基因组学是生命科学研究的核心基础。在种质资源的群体变异与性状挖掘研究中，通常需要借助一个参考基因组，通过将测序数据比对到参考基因上来鉴定个体间的遗传变异。该方法受制于参考基因组序列及其与检测个体间的相似性，参考基因组没有的基因组序列和个体间差异较大区域的信息将无法在群体中鉴定。同时，大片段的插入、缺失、拷贝数等变异类型也无法有效鉴定。

然而，这些基因组信息往往具有重要的生物学功能。因此，单一参考基因组在揭示种质资源丰富变异的研究中越来越心有余而力不足。

为大豆研究构建高质量图形结构泛基因组

长期以来，我国大豆需求量大，对外依赖严重。因此，加强大豆研究、提高大豆产能迫在眉睫。

此前，田志喜团队完成的大豆品种——中黄 13 黄金版大豆参考基因组的组装和注释曾获国家科学技术进步奖一等奖。然而，研究人员在对大豆种质资源的深度重测序和群体遗传学分析中发现，不同大豆种质资源之间存在较大的遗传变异，单一或少数基因组不能代表大豆群体的所有遗传变异。大豆基础研究和分子设计育种亟须能够代表不同大豆种质材料的全新基因组资源。

田志喜等联合中国科学院遗传与发育生物学研究所梁承志和朱保葛团队、中国科学院分子植物科学卓越创新中心韩斌院士团队、上海师范大学教授黄学辉团队等，对来自世界大豆主产国的 2 898 个大豆种质材料进行了深度重测序和群体结构分析，挑选出 26 个最具代表性的大豆种质材料，包括 3 个野生大豆、9 个农家种和 14 个现代栽培品种。

研究人员利用最新组装策略，对 26 个大豆种质材料进行了高质量的基因组从头组装和精确注释。在此基础上，结合已经发表的中黄 13 等基因组，研究人员开展了系统的基因组比较，构建了高质量的基于图形结构泛基因组，挖掘出大量利用传统基因组不能鉴定到的大片段结构变异。

深入分析后发现，结构变异在重要农艺性状调控中发挥重要作用。例如，HPS 基因的结构变异调控大豆种皮亮度变化；野生与栽培大豆 CHS 基因簇的结构变异是导致种皮颜色由黑色向黄色驯化的主要原因。另外，一些基因结构变异导致了其在不同种质材料中基因表达的差异。

此外，研究还鉴定出 15 个结构变异导致了不同基因间的融合，这为研究新基因的产生提供了重要线索。此高质量图形结构泛基因组的构建不仅具有重要的理论意义和应用价值，同时也为过去已经开展的大量重测序数据提供了全新的分析平台，将使这些数据获得第二次生命。

为大豆研究提供了重要资源和分析平台

20 世纪 60 年代，以降低农作物株高、半矮化育种为特征的第一次绿色革命，使得全世界水稻和小麦产量翻了一番，解决了温饱问题。然而，在过去的60年里，大豆平均单产相对其他主粮作物而言尚无明显突破，大豆生产也亟须绿色革命。

该研究所选用的大豆种质材料不仅在遗传多样性上具有代表性，且具有重要的育种和生产价值。其中，满仓金、十胜长叶、紫花4号等种质材料作为骨干核心亲本已各自培育出了上百个优良新品种（黑河43、齐黄34、豫豆22、皖豆28、晋豆23、徐豆1号等），都是各个大豆主产区推广面积最大的主栽品种。专家认为，该基因组和相关的2 898份种质材料遗传变异的发布为大豆研究提供了极为重要的资源和平台，将大力推进大豆分子设计育种，助力大豆实现绿色革命。

云南师范大学教授祝光涛认为，该研究是作物学研究领域群体数目最多、基因组组装质量最好的泛基因组解析，从大数据的整合到重要生物学性状的解析均达到了新高度。

来源：中国科学报

KeyGene首次在植物中成功应用适应性DNA测序

KeyGene是一家专注于提高作物产量和质量的跨国农业生物技术公司，该公司的科学家们于近期首次报道了适应性DNA测序（adaptive DNA sequencing）在植物中的成功应用，利用Oxford Nanopore Technologies公司的MinION测序设备（具有强大的GPU配置和读取软件），研究小组成功地将瓜类基因组中的800个区域进行了8倍扩增，并对这些区域进行了选择性测序。

这项突破性发现将进一步减少勘测基因组中已知的、与重要植物性状有关的区域（如果实的颜色、味道或对病原体的抵抗力）所需的时间和资金。通过对这些区域的详细测序和分析，可以解释变异的原因并将其应用于育种。因此，改良品种可以更快地被推向市场。

适应性测序允许对选择出的DNA区域进行测序。当DNA片段穿过测序器的小孔时，该设备将产生一系列核苷酸。一台功能强大的计算机将生成的序列与研究人员研究的区域的信息进行比较。当计算机断定该片段不属于目标区域时，小孔将收到信号，在对DNA片段进行完全测序之前将其推出该区域。然后这个小孔将再次作用于样本中的下一个DNA片段。

这一切都在不到一秒的时间内发生，并且需要实时比较测序器中通过512个小孔的DNA片段的序列，以及植物DNA选定区域的所有序列。

来源：KeyGene

日本：科学家研究表观遗传对整个基因组的影响

在多细胞生物中，表观遗传学解释了为什么每种类型的细胞在形状和功能上都不同，每种细胞都有着不同的指令子集。细胞也将表观遗传调控作为一种免疫系统，抑制被称为"转座子"的破坏性"跳跃基因"的活动，否则它们会在基因组中跳跃并威胁其完整性。

科学家们仍在努力解开细胞用来精确控制基因活动的许多通路。现在，来自冲绳科学技术大学院大学（Okinawa Institute of Science and Technology Graduate University，OIST）的研究人员通过观察植物细胞如何抑制转录，发现了解开这个谜团的线索。他们最近发表在《自然通讯》（*Nature Communications*）上的研究，精确地指出了以前未知的DNA片段，这些片段因表观遗传调控而沉默，其中许多基因源自转座子。

这项研究提供了一个关于细胞如何以及在哪里抑制整个基因组转录的全面观点，重要的是，研究人员发现这种沉默对于确保参与发育和应激反应的基因正常发挥作用至关重要。在转录过程中，一段DNA被复制到RNA中。通常，这些RNA转录体被用来制造蛋白质。细胞可以通过在DNA或包装DNA的组蛋白上添加化学标签来促进或抑制转录，这些标签可以告诉细胞哪些RNA转录物最终成为蛋白质以及产生的数量。

这种水平的精确控制对于管理转座子是至关重要的。研究人员介绍说，转座子是基因组中的寄生虫，它们以牺牲机体为代价来促进自身的表达，当转座子活跃时，它的基因序列被用来制造一种蛋白质，这种蛋白质可以将转座子移动到基因组中的不同位置，就像剪切、粘贴（或复制、粘贴）的计算机功能一样。

转座子通常是沉默的，因为它们的活动可以禁用重要的基因。但有时，在压力下，植物会重新激活转座子，因为它们是基因变异的来源，可能产生有益的突变，使植物适应变化的环境。

这项研究的最终目标是确定细胞可以如何识别和调节转座子，这可能有助于更好地理解植物如何应对环境变化，例如全球变暖、干旱和土壤中的养分降解，从而有助于开发出能够抵抗各种胁迫的新作物。

来源：冲绳科学技术大学院大学

与水稻基因组“暗物质”相关的谷物性状研究

中国农业科学院作物科学研究所和圣路易斯华盛顿大学（Washington University in St. Louis）的研究人员发现：水稻驯化过程在 9 000 年前发生的关键变化可能与一种被称为“长非编码 RNA”（lncRNAs）的分子有关，这是一类长度超过 200 个核苷酸的 RNA 分子。非转录蛋白质的部分基因组在使驯化水稻不同于野生稻物种方面起着重要作用。该研究成果近期发表在《科学进展》（*Science Advances*）杂志上。

揭示了水稻栽培过程中非编码变异对复杂性状起到的作用。栽培稻米的淀粉含量比野生稻类植物更高——这是经历了许多代稻米优选和播种的结果。尽管稻米是第一种实现全部基因测序的农作物，但是科学家们以前仅记录了使稻米成为主食的一些遗传变化。

在许多动植物的染色体中，很大一部分 DNA 都包含非编码蛋白质的基因，在任何给定物种的基因组中的比例可高达 98%。但是，人们对这些遗传信息知之甚少。一些科学家将其称为基因组的“暗物质”，甚至叫作“垃圾 DNA”，但它们在水稻发育中可能起着举足轻重的作用。

早期的研究倾向于寻找“低垂下来的果实”等这些简单的性状，这些性状仅由一个或两个易于识别突变的基因控制。而要搞清楚在农作物栽培过程中起到关键作用的微妙变异就要困难得多。

这项研究检验了一种在稻谷发育中调节相关栽培变化的关键调控机制，

并发现大量与水稻栽培相关的遗传变异反映了那些由非转录蛋白质的基因组决定的性状选择。

研究人员发现，水稻基因组中记录有大约36%的遗传信息可以追溯到非编码区，但是对农业生产具有重要作用的性状中有50%以上与非编码区相关。

这项研究首次对栽培稻和野生稻非编码区的lncRNAs进行了详细注释和描述。研究人员对数百个水稻样品和超过260 Gbs的基因序列进行了研究，他们采用了灵敏的检测技术来量化并密切跟踪水稻中的lncRNA转录。这项研究验证了一些先前已经识别出的lncRNA，并且还提供了过去未能描述的分子的相关信息。

这项研究促使部分研究人员推测，动植物之间的大多数适应性差异是由基因调控的变化而不是蛋白质的进化造成的。

研究发现，lncRNAs选择可能是一种可以引起许多物种的基因表达模式发生演变的广泛机制。

该转基因实验和群体遗传分析证明，lncRNAs的选择通过改变淀粉合成和谷物色素沉着相关基因的表达，有助于改变稻米的品质。

这项研究为通过精确育种研发新的作物和谷物品种打开了新的大门。

来源：ScienceDaily，Syylfs

研究揭示植物基因组隐藏特征

加拿大萨斯喀彻温大学植物表型和成像研究中心（P2IRC）的国际研究团队和加拿大农业和农业食品部（Agriculture and Agri-Food Canada，AAFC）的研究人员已经解码了黑芥（*Brassica nigra*）的完整基因组。这项研究将促进油菜作物的育种，并为小麦、油菜籽和扁豆的改良育种提供研究基础。该研究由AAFC加拿大作物基因组计划、P2IRC计划以及Mitacs Elevate博士后奖学金资助。研究结果已发表在《自然植物》（*Nature Plants*）上。

黑芥通常以种子的形式用作烹饪香料，在印度次大陆上种植，与加拿大种植的芥菜和油菜籽作物关系密切。这项研究让研究人员和育种者对哪些基因负责哪些性状有了更明确的认识。由此产生的黑芥基因组合也有助于解释黑芥的基因组与其近亲（如卷心菜、萝卜和油菜）有何不同。

研究小组首次发现了功能性着丝粒的直接证据，这是对植物繁育至关重要的染色体结构，同时发现了基因组中其他以前难以识别的区域。这些发现都有助于提高作物产量。

此外，研究人员还在基因序列中发现了表达特定性状的某些基因的多个拷贝。这可能意味着某些特性，如真菌抗性，可以通过几个基因更强烈地表达出来。

来源：萨斯喀彻温大学

日本筑波大学：逆转座子可能会影响瓜的基因表达

日本筑波大学（The University of Tsukuba）和日本国家农业与食品研究组织（National Agricultural and Food Research Organization，NARO）的研究人员最近在《通讯生物学》（*Communications Biology*）上发表的一项研究表明，当甜瓜基因组多样化时，逆转座子可以改变基因表达，并可能影响果实成熟。

甜瓜是全球最重要的经济作物之一。甜瓜的一个特殊特征是两种水果类型共存：呼吸跃变型（产生乙烯，指某些肉质果实从生长停止到开始进入衰老之间的时期，其呼吸速率的突然升高）和非呼吸跃变型。乙烯是一种重要的植物激素，对调节果实的货架期等跃变期果实成熟性状具有重要的经济意义。

Harukei-3 由于其口感和美观，在日本作为选育高档甜瓜的标准类型已经使用了很长时间，这种甜瓜如果生长在合适的季节，会产生特别甜的果实。由于 Harukei-3 甜瓜在成熟过程中会产生乙烯，研究人员通过使用第三代纳米孔测序结合光学测序和下一代测序，组装了 Harukei-3 的整个基因组序列。

研究结果表明，当甜瓜基因组多样化时，逆转座子有助于基因表达方式的变化。逆转座子也可能影响导致果实成熟的基因表达。

来源：Seedquest

对100个品种的研究揭示了番茄的隐藏突变

由美国霍华德·休斯医学研究所（The Howard Hughes Medical Institute，HHMI）Zachary Lippman 领导的研究团队与约翰·霍普金斯大学（Johns Hopkins University）的 Michael Schatz 等人合作，已经鉴定出 100 种番茄的基因组中长期隐藏的突变。该团队对这种突变进行了最全面的评估，这种突变会改变任何植物的 DNA 的长片段，并可能导致新番茄品种的产生和现有番茄品种的改良。研究团队发现的少数几个突变可以改变植物的关键特征，如风味和重量。这项研究成果已于 2020 年 6 月 17 日发表在《细胞》（*Cell*）杂志上。

生物体细胞内携带的 4 种 DNA 碱基的突变或变化会改变其物理特性。研究植物的科学家通常专注于一种小的、易驯化的突变。Lippman 团队研究的突变比科学家通常研究的突变要大得多，这种称为结构变异的突变通过复制、删除、插入或移动基因组中其他地方的长片段 DNA 来改变 DNA 的结构。研究小组不仅在番茄及其野生近缘中发现了这些突变，还确定了它们在植物中的功能。

该研究使用一种名为“长读测序”（long-read sequencing）的技术，鉴定了番茄中超过 20 万个结构性突变。他们发现的大多数突变并没有改变基因编码，但许多突变改变了控制基因活性的机制。例如，某个基因可以控制番茄果实的大小，缺乏该基因的植物永远不会结出果实，而带有三份该基因副本的植物比只有一份基因副本的植物结出的果实要大 30%。该研究团队还展示了 DNA 结构如何影响性状。

这些研究成果可以帮助解释其他农作物的性状多样性，并帮助育种者改良品种。例如，也许在番茄的近亲——灯笼果（*Physalis pruinosa*）上增加一个大小基因副本，就可以使它们的果实更大，从而吸引人们的购买。

来源：霍华德·休斯医学研究所

康奈尔大学：新的基因组工具推动作物育种进程

在过去的十年里，植物科学家在鉴定能够推动作物育种决策的基因组数据方面取得了巨大的进展。虽然基因组学工具在发达国家的应用已经十分普遍，但在发展中国家还没有被广泛使用。康奈尔大学博伊斯·汤普森研究所（Boyce Thompson Institute，BTI）与其他国家的研究机构联合实施了基因组开源育种信息学计划（Genomic Open-source Breeding informatics initiative，GOBii），该计划是一个全球项目，致力于开发更好的育种工具，扩大对基因组数据库的访问，以加快作物育种进程。项目由比尔和梅琳达·盖茨基金会（Bill & Melinda Gates Foundation）拨款1 850万美元，于2015年启动，持续到2020年10月。

GOBii将加快发展中国家/地区重要作物的育种进程，支持范围涵盖印度、墨西哥、菲律宾和非洲地区的国家。

GOBii的目标是加快发展中国家/地区重要作物的育种进程，并提高作物的产量，改良作物的营养价值、抗病性、耐气候性和其他性状，该项目的数据库和新开发的软件已开始在全球范围内部署。

该项目最初的重点是研究如何支持印度、墨西哥和菲律宾发展植物育种，目前，非洲地区的国家也被包含在内。数据库包括鹰嘴豆、玉米、谷子、水稻、高粱和小麦等作物的信息。

南亚和非洲的很多作物品种都是在20多年前开发出来的，用新的和改良的品种取代这些老品种，将对生活在这些地区的人们的生活质量产生重大影响。

GOBii将通过提高植物育种工具和遗传数据库的可用性，帮助发展中国家/地区的育种者优化育种策略

基因组学工具通过梳理遗传数据库来识别影响特定性状的特定分子标记或植物DNA的小片段。拥有正确工具和数据的育种者可以检查种子或幼苗是否达到理想的分子标记的要求，然后预测成熟的植物是否会具有理想的特征，而无需等待生长季结束再观察结果。标记可以非常准确地预测性状，使育种者可以在育种周期中更早、更准确地做出育种决策。

GOBii 在项目结束后将被整合到一个更大的国际项目中，为项目成果的落地进一步发挥作用

研究人员指出，GOBii 在作物育种方面已经取得了很大进展，但项目成果如何落地将是未来的新重点。

拨款结束后，GOBii 的工作将被整合到一个更大的项目中，即国际农业研究磋商组织（CGIAR）的卓越育种项目（Excellence in Breeding）。这个由全球农业创新非营利组织 CGIAR 运营的项目旨在改善一些亚、非国家的农业状况，将对当地人员进行工具使用的培训。

来源：康奈尔大学

功能基因及遗传改良

抗逆性

新研究揭示了大麦作物的耐钠性

科学家已经确定了一种自然发生的基因变异，该变异会影响大麦作物中的钠含量。这一发现可能有助于促进大麦品种的开发，并提高其产量和抗逆性。

研究团队由来自诺丁汉大学（The University of Nottingham）、詹姆斯·赫顿研究所（James Hutton Institute，JHI）、阿德莱德大学（The University of Adelaide）、澳大利亚国立大学（Australian National University）和中国淮阴师范学院的研究人员组成，该研究成果发表在《通讯生物学》（*Communications Biology*）上。

土壤中的钠从大麦植物的根部转移到枝梢，尽管过量的钠对大多数植物有毒，但在某些条件下（例如当土壤钾含量低时），无毒浓度已被证实可提高产量。

诺丁汉大学的研究人员已经鉴定出一种自然遗传变异，可以使大麦在谷物中积累更多的盐（钠）。盐分过多通常与植物生长不良和谷物减产有关。低含量盐已被证明可以刺激植物生长。虽然通常天然遗传变异在非栽培野生大麦中很少见，但在农民种植的大麦中却很常见。这表明随着时间的流逝，由于该遗传变异通过刺激含盐量低的田地中的盐分积累提高了大麦的产量，科学家们发现的这种遗传变异品种早已被农民无意间选择了。

詹姆斯·赫顿研究所首席执行官柯林·坎贝尔教授指出：大麦是英国最具价值的农作物之一，因此，这一发现很重要，并且可能会对经济产生重大影响。

来源：诺丁汉大学

新研究揭示了遗传途径对开花植物生殖适应性的作用

一项合作研究已经证明了基因通路对花药发育的作用，这一基因通路被证明广泛存在于2亿多年前进化的开花植物中。该研究小组由密苏里大学唐纳德·丹福斯植物科学中心（Division of Plant Sciences，The University of Missouri）成员布莱克·迈耶斯博士和斯坦福大学（Stanford University）生物学教授弗吉尼亚·沃尔伯特领导。

研究结果发表在《自然通讯》杂志上。该项研究由美国国家科学基金会资助。

研究揭示了RNA分子对玉米雄性可育的重要作用

这项研究发现了一种环境敏感的雄性不育表现型。通过使用突变体敲除其中一条基因通路，研究小组培育出了不能产生花粉的植物，同时还发现，当温度降低时，这些植物可以恢复完全的雄性生殖能力。这种在不同条件下开启或关闭花粉生产的能力可能有助于种子生产。研究小组还将这一基因通路的功能归因于花药的发育，这是一项之前被忽略但很重要的观察结果。

这些研究结果是对之前发表的一项发现的重要补充，该发现题为“24-nt繁殖相态RNA广泛存在于被子植物中”（24-nt reproductive phasiRNAs are broadly present in angiosperms），描述了该基因通路在开花植物中的进化分布，也发表在《自然通讯》杂志上。

这两项发现帮助科研团队理解了RNA分子对玉米雄性可育的重要作用，并发现这一基因通路最初是由开花植物进化而来的。理解花发育的遗传机制对于提高作物产量和培育更好的品种非常重要，特别是对于培育支持现代农业的高产杂交作物。

下一步研究方向

该研究小组将继续研究，探究为什么这一基因通路的变化会引起环境敏感反应，以及在没有这种 small RNA 途径的情况下，究竟是什么分子机制导致雄性不育。

在另一个单独资助的项目中，研究人员正在研究这种途径的调节是否可以用于调节其他作物的花粉发育，以提高种子产量和作物产量。

来源：Donald Danforth 植物科学中心

澳大利亚聚焦小麦耐热性遗传改良，以应对更炎热的气候条件

高温是目前整个澳大利亚小麦产量和品质的主要威胁。悉尼大学（The University of Sydney）植物育种研究所（Plant Breeding Institute，PBI）的植物育种家正聚焦培育耐热性更强的小麦。他们通过定向基因组选择来提高品种的耐热性，以减轻严重损害小麦作物产量的热胁迫威胁。该项目是澳大利亚谷物研究与开发公司（Grains Research and Development Corporation，GRDC）的一项重要投资，项目还得到维多利亚农业公司（Agriculture Victoria）、弗林德斯大学（Flinders University）、梅雷丁管理环境基金（Merredin Managed Environment Facility）、澳大利亚谷物技术公司（Australian Grain Technologies and Intergrain）等机构的协助。

PBI 对数千个小麦品种在不同播种时间、短期高温冲击和温控温室内的产量表现进行了比较，并在澳大利亚西部和维多利亚州的主要种植区也进行了类似的试验，取得了一致的结果。结果表明，平均最高季节性温度每升高1℃，单产就会降低 250 ～ 400 千克 / 公顷。利用野外分型和基因组选择对来自不同遗传背景的新材料进行的评估显示，目前的小麦耐热水平可以大大提高。

为了促进耐热性的遗传改良，PBI 的研究人员设计出一种三层式的耐热性表型筛选方案，该方案帮助 PBI 成功建立了一个耐热基因组选择育种策略，可将小麦杂交育种周期从 6 ～ 7 年缩短到 2 ～ 3 年。研究采用了两种用于计算基因组估计育种值（GEBV）的模型——基线模型（仅预测每种基因型的

总体 GEBV）和一种更为复杂的模型（该模型结合了基因型和环境的相互作用）。此外，由于土壤温度升高对小麦的胚芽鞘长度产生了不利影响，研究人员还着力开发了胚芽鞘更长的小麦品系。

来源：GrainCentral

澳大利亚：寻找油菜的耐热基因

澳大利亚谷物研究与发展公司（Grains Research and Development Corporation，GRDC）研究项目：鉴定使油菜耐热的基因，是一项为期五年的研究项目，由西澳大利亚大学（The University of Western Australia，UWA）农业研究所承担。项目合作方还包括：新南威尔士州第一产业部（New South Wales Department of Primary Industry，NSW DPI）、GRDC、西澳大利亚第一产业和区域发展部（Western Australian Department of Primary Industries and Regional Development，DPIRD）以及澳大利亚谷物工业统计集团（Western Node of the Statistics for the Australian Grains Industry group，SAGI West）。这项研究的长期目标是为植物育种者提供耐热种质（种子或组织等遗传物质），帮助他们培育出更具适应性的作物。这项研究已经在澳大利亚西部和新南威尔士州进行田间试验。

预计未来几十年，全球的平均气温将会有所上升，热压力成为全球日益关注的问题。油菜籽对热压力特别敏感，此前 UWA 研究发现，在开花期，超过 30℃的温度会降低种子产量。因此，这个项目特别关注油菜的耐热基因。该项目将首先通过控制温度实验分离耐热基因，该实验将每年在 UWA 筛选 200 个油菜籽品系，以寻找耐热种质。

NSW DPI 将使用便携式加热室，在东部各州和西澳大利亚州进行灌溉田间试验，在 UWA 的受控环境室进行初步筛选，筛选出的种质将在田间进行耐热性验证。

该项目自 2019 年开始，第一年用于制订评估热应激的研究方案和标准，并建造试验所需的设施。

来源：Seedworld

研究解锁了向日葵抗逆性的遗传关键

野生向日葵在物种间和物种内都表现出广泛的变异性，科学家近期的一项研究显示，变异是由一组允许适应不同环境的“超级基因”保存下来的，这一发现将有助于改善向日葵的育种工作。这项由美国国家科学基金会资助的研究结果发表在《自然》杂志上，解释了不同形式的植物是如何形成和生存的，并提供了关于物种如何产生的新细节。

正常情况下，基因会随着世代的交配而分裂。研究人员发现了所谓的“超级基因”，即由于染色体结构变化而被共同遗传的一组基因。超级基因使向日葵能够适应各种环境变量，包括不同的温度、降水量和土壤肥力。

佐治亚大学（The University of Georgia）和不列颠哥伦比亚大学（The University of British Columbia）进行的这项研究聚焦在栽培向日葵的 3 个野生近缘种上。由于这 3 种野生向日葵都可以与栽培向日葵杂交，这一发现将有助于改善栽培向日葵的育种工作，有可能开发出适应性更强的作物。

此外，研究人员发现了影响重要农艺性状的基因组区域，比如适应沙丘的种群的大种子，这种大种子比典型的野生葵花籽大 60%，对向日葵这样的种子作物特别有价值。

这项研究表明，在适应恶劣环境的过程中，重要的不仅是向日葵有哪些基因，而且这些基因在染色体上复杂的组织方式也很重要。

来源：美国国家科学基金会

西班牙：提高农作物对综合气候胁迫的抵抗力

西班牙豪梅一世卡斯特洛大学（Jaume I University of Castellón，UJI）的生态生理学和生物技术研究小组开展的遗传改良研究，研究了获得农艺性状优良、抗高温、抗干旱、抗污染能力强的植株的基本机理，为种植更能抵抗综合气候胁迫的作物奠定了基础。

这项研究最近发表在学术期刊《植物生理学》（*Physiologia Plantarum*）上。该小组的研究表明，脱落酸和茉莉酸激素的浓度和早期反应的增加，某些基因家族的诱导以及防止高温的蛋白质如热激蛋白（HSPs）的积累，可能是植物能否在炎热气候下成功耐受恶劣环境条件的决定性因素。

气候变化对全球农业生产是一个严重的威胁。在不久的将来，地球平均气温的上升，极端气候现象的频繁发生，以及农业用地的丧失，都将影响粮食生产。研究人员认为，开发能够适应这些环境变化的新作物品种是至关重要的，可以提高农作物对综合气候胁迫的抵抗力。

来源：Seedquest

蛋白质可能是挽救受极端天气威胁的农作物的关键所在

加州大学河滨分校（The University of California, Riverside，UC Riverside/UCR）的一项新研究发现了一种控制植物生长的蛋白质，这对于农作物因天气变化而倒伏的问题来说具有重要意义。这项研究成果最近发表在《发育细胞》（*Developmental Cell*）杂志上。

IRK 蛋白质有助于促进或限制作物生长

研究人员是在寻找植物细胞分裂或扩张方式的线索时发现了这种被称为 IRK 的蛋白质，在一种与芥菜有关的植物的根细胞中发现了 IRK。

当这种蛋白质存在时，植物的根会感知到一种信号，告诉细胞不要分裂，如果能让植物忽略这些信号，或许可以让它在原本不可能生长的条件下生长。

研究表明，关闭产生 IRK 的基因会导致植物的根细胞分裂次数增加。增加的细胞可以长出更大的根，可以促使植物更好地从土壤中吸收营养，长得更粗壮。

在某些情况下，农民也希望限制植物生长。例如，阻止杂草生长，或在严重风暴过去之前暂停作物生长。IRK 可以有助于实现这两个目标。

这一发现提供了另外一种控制生长的方法，了解植物本身是如何停止生长的，也可以加速植物生长。

该研究为了解根的功能和发育以及提高作物产量提供了新的支持

到目前为止，该研究团队只在芥属植物拟南芥上测试了关闭 IRK 基因的效果。然而，研究人员称在其他作物中也发现了 IRK 蛋白。

这项研究之所以引人注目，不仅因为其对作物和粮食安全的潜在影响，还因为对植物根部的研究历来不如对植物地上部分的研究那么深入。这种局面可能是根部相对不易观察的性质导致的。

根是植物生存和生产地面植物器官（如叶子、花和果实）的关键所在，因此，了解根的功能和发育对提高作物产量至关重要。

先前的研究已经考察了植物细胞间信号上下传输“从根到芽，从芽到根”的作用。这项研究表明跨根细胞间的信号传输也很重要。

长期以来，有一种假说认为这种细胞间的水平信号传输很重要，这项研究为此假说提供了新的证据。

下一步的研究方向

接下来，研究人员希望了解更加粗壮的根是否能更好地承受环境压力。农作物面临的最严峻挑战包括干旱和土壤盐分过高。

盐分在土壤中积累，有自然的，也有人为的，比如肥料和灌溉用水中的盐分。如果在土壤表层积聚太多的盐分，就会阻碍植物生长的重要过程，甚至导致作物完全歉收。

由于过于谨慎且无法精确测量含盐量，农民通常采用过度灌溉方式，把盐送到对作物危害较小的较深的土壤中。然而，由于水的数量和质量都不断下降，这种做法正受到审视。

如果能了解产生 IRK 的基因在关闭时会发生什么，也许可降低威胁粮食安全的土壤条件对根系生长的影响。

来源：加州大学河滨分校

抗病（虫）性

植物免疫系统的分子路线图

英国约翰·英纳斯中心（John Innes Centre，JIC）的研究人员在近期发表的一篇综述《植物免疫系统的分子路线图》中阐述了植物免疫系统研究的最新进展。该综述是在分子水平上对免疫受体功能的详细研究，重点关注了细胞表面和细胞内免疫受体。文章发表在学术期刊《生物化学》（*Biological Chemistry*）上。

综述阐述了免疫受体如何感知病原体和害虫的特征并启动免疫途径。它概述了这一领域的一个重要思想转变，即越来越多地关注细胞表面和细胞内免疫之间的相互作用，这两个研究领域以前都是独立研究的。最后，展望了运用目前对植物免疫的理解设计改造植物免疫系统的潜力。

这项研究使研究人员能够向各种研究背景的读者介绍植物免疫系统的概念，这些读者包括生物化学家、结构生物学家和生物物理学家。从而有助于将不同学科的科学家，如：致力于预测气候变化的科学家、负责研究疾病分子机制的植物病理学家以及追踪病原体在世界范围内传播的研究人员聚集在一起，制定出可持续的解决方案以应对危机。

来源：英国约翰·英纳斯中心

小麦基因可赋予大麦茎锈病抗性

英国约翰·英纳斯中心（John Innes Centre，JIC）、美国明尼苏达大学（The University of Minnesota）和澳大利亚联邦科学与工业研究组织（Australia’s Commonwealth Scientific and Industrial Research Organisation，CSIRO）的研究人员合作，使用基因改造技术，将对茎锈病具有抗性的基因成功地从小麦转移到大麦中。这一成功的转移将被视为今后保护作物免受日益增长的致病性真菌病原体威胁的典范。研究成果已于近期发表在《植物生物技术杂志》（*Plant Biotechnology Journal*）上。

在过去的20年里，由小麦锈菌引起的茎锈病再次成为非洲、欧洲和中东部分地区小麦和大麦生产的主要威胁。小麦的驯化降低了遗传复杂性，这种遗传复杂性的丧失使作物容易受到新出现的病虫害的威胁。利用传统杂交将遗传抗性从禾本科的一个成员转移到另一个成员的研究努力一直没有获得成功。

研究发现，小麦有82个茎秆锈病抗性基因，而大麦只有10个。在这项研究中，研究人员使用转基因大麦植物来测试小麦中4个克隆的茎锈病基因的功能。研究结果表明，与具有内源抗性基因的大麦植株相比，转基因大麦植株对茎锈病的抗性更高。

下一步工作是从与小麦和大麦不亲和的野草中克隆小麦重要病害的抗性基因，然后对病原菌难以克服的多种基因进行堆叠或组合。

来源：约翰·英纳斯中心

科学家发现番茄抗斑点病基因

在过去的几年中，细菌性斑点病导致番茄的产量和质量降低。造成这种疾病的丁香假单胞菌（*Pseudomonas syringa*）喜欢凉爽潮湿的气候，所以在寒冷地区的作物特别容易感染。Boyce Thompson Institute（BTI）的研究人员发现了第一个已知的基因，可以对一种被称为“race 1”的细菌产生抗性，这种细菌可以引起斑点病。

研究发现，一个先前发现的基因*Pto*能够提供对丁香假单胞菌race 0菌株的抗性，这一发现已被投入应用超过25年。然而，农作物仍然容易受到日益常见的race 1菌株的影响，给种植者造成了重大损失。随着这种被研究人员称为番茄假单胞菌race 1的新基因（*Ptr1*）的发现，细菌性斑点病造成的损害可能很快就会成为过去。

*Ptr1*编码了一种蛋白，该蛋白可以间接检测到一种名为AvrRpt2的致病蛋白的存在。苹果和拟南芥都具有编码蛋白质的基因，这些蛋白质也可以识别相同的细菌蛋白。研究人员认为，AvrRpt2蛋白可能在病原体感染植物的

能力中起着关键作用。随着该基因的鉴定，该团队现在正专注于开发携带*Ptr1*基因的番茄品种。

来源：Boyce Thompson Institute

美国鉴定出10个新的抗小麦条锈病基因

美国华盛顿州立大学（Washington State University，WSU）的植物病理学家、美国农业部的研究团队在温室控制条件下和在自然感染小麦条锈病（Stripe Rust）的田间，用5种小麦条纹锈病优势菌株对小麦品种进行了测试，鉴定出37个基因，包括10个新基因，显示出对条锈病的抗性。这项研究已于近期发表在专业期刊《植物病害》（*Plant Disease*）上。该研究得到了美国农业部农业研究服务局（Agricultural Research Service，ARS）、美国农业部农业研究院（National Institute of Food and Agriculture，NIFA）、Vogel基金会、美国谷物协会（U.S. GRAINS COUNCIL）和华盛顿州立大学的支持。

条锈病是小麦最具破坏性的病害之一，影响着全世界的小麦产量，特别是在美国。这种病害可以通过化学药品加以控制，但这些化学药品被认为对人类、动物和环境有害。使用这类化学品的成本也很高，农民更愿意种植抗条锈病的小麦品种，所以开发抗条锈病品种成为小麦育种计划的首要任务。

研究人员为了鉴定美国小麦有效抗条锈病的基因位点，利用616个春小麦品种和育种品系进行了全基因组关联研究（GWAS）。并利用23个已知的抗性基因标记或数量性状位点（QTLs）对研究对象群体进行基因型分析。通过GWAS和连锁标记检测，共检测到37个基因或QTL，其中包括10个潜在的新的抗条锈病QTL。测定了各苗圃抗病基因或QTL的频数，表明了这些基因或QTL在不同地区育种方案中的应用强度不同。这些抗性基因位点及其标记、有效性和分布的信息对提高小麦品种的条锈病抗性具有重要意义。

来源：ISAAA

美国利用生物技术和传统防治策略协同消除虫害

美国农业部农业研究服务局（Agricultural Research Service，ARS）和亚利桑那大学（The University of Arizona，UA）的科学家的一项最新研究表明，转基因棉花和传统的害虫防治策略相结合，使美国和墨西哥北部摆脱了一种极具毁灭性的害虫。这项研究发表在《美国国家科学院院刊》（*Proceedings of the National Academy of Sciences*）上。

粉红棉铃虫是美国西南地区的主要棉花害虫，已经造成了极大的经济损失。多年来，研究团队形成了一套多战术、覆盖广泛、协调一致的综合虫害管理策略方案，以取代昂贵且对环境有害的化学杀虫剂。

通过对亚利桑那州21年的田间数据的计算机模拟实验及分析，研究人员证明利用转基因棉花和释放数十亿的不育粉红棉铃虫飞蛾的协同作用，可以抑制这种害虫。

根据这项研究，2014—2019年，仅消灭的粉红棉铃虫就为美国棉农节省了1.92亿美元。对粉红棉铃虫的消杀也有利于对其他棉花害虫的综合防治。总体而言，这项研究的出现成功减少了82%的杀虫剂使用量，仅在过去20年里，亚利桑那州就削减了2 500万磅（1磅≈0.454千克）杀虫剂的使用量，它改善了整体环境，使有益昆虫得以回归，生态恢复到更加自然的平衡状态。

来源：美国农业部

英国：小麦抗秆锈病基因遗传机制新发现

秆锈病是一种重要的小麦病害，染病小麦可减产30%以上，甚至绝收。几十年来，研究人员和农作物育种者已经知道，小麦基因组中的某些成分抑制了植物对秆锈病的抵抗力，但对抑制基因或被抑制的抗性基因了解甚少。

英国塞恩斯伯里实验室（Sainsbury Laboratory，TSL）的研究人员鉴定了导致小麦秆锈病抗性受到抑制的潜在遗传机制。其论文《介导复合物的一个亚基抑制了小麦的秆锈病抗性》发表在《自然通讯》杂志上。

研究人员通过遗传定位、染色体测序和突变分析确定了抑制秆锈病抗性的基因，并研究出导致小麦秆锈病抗性受到抑制的潜在遗传机制。该发现将有助于理解小麦亚基因组如何相互作用，以及如何有助于抑制免疫，消除了利用现代基因组工具开发具有更强免疫力的作物的一个顽固障碍。

下一步将鉴定有助于小麦免疫抑制的其他基因，并了解这些基因如何广泛影响小麦基因组。这些研究将为促进可持续农业发展，保障粮食安全，以及构建更多的抗性基因库做好知识储备。

来源：塞恩斯伯里实验室

品质性状

提高高粱中蛋白质的消化率

美国堪萨斯州立大学（Kansas State University，K-State）农学系的研究人员对于如何提高高粱中蛋白质的消化率进行了研究。这项研究成果已发表在《作物科学》（*Crop Science*）期刊上。这项研究由“保障未来粮食供给计划”（Feed the Future）组织资助。

高粱是非洲和亚洲地区的常见作物，也是非洲重要的粮食作物。高粱比其他作物所需的水分和养分更少，因此在非洲干旱的气候环境下生长良好。但是，高粱的最大缺陷是人和动物很难消化其蛋白质。一旦这个问题得到解决，高粱将为食用者提供更多的营养，并提高作物的价值。

高粱蛋白质的消化率受许多不同因素的影响，研究人员将研究重点放在高粱蛋白质的特性上。研究组选择了消化率高低不同的 40 个高粱品种，对编码所有种子储存蛋白质（称为 kafirins）的 DNA 进行了研究。随后，研究人员确定了这些 DNA 编码中的差异，认为这可能是造成消化率差异的原因。

研究人员鉴定出 4 种 kafirins 中有 3 种与高蛋白消化率有关，而另一种则表现为低消化率。通过了解与蛋白质消化率相关的基因，育种者可以观察高粱植株中的这些基因变异，从而获得所需的性状。

展望未来，这项研究可能为通过育种提高蛋白质消化率奠定基础。低蛋白质消化率影响了动物从食物中获取的蛋白质，通过提高蛋白质的消化率，可以提高畜牧业和高粱产业的竞争力。

来源：美国农艺学会

通过控制植物淀粉样蛋白的形成，培育更营养、低致敏种子

科学家们首次通过实验证明，淀粉样蛋白的形成介导了植物种子中贮藏蛋白的积累。这一发现将有助于提高植物种子的营养价值，甚至降低豆类种子的致敏性。这项研究是由来自圣彼得堡大学（St. Petersburg University）、全俄罗斯农业微生物研究所（All-Russian Research Institute for Agricultural Microbiology）、俄罗斯科学院细胞学研究所（Institute of Cytology of the Russian Academy of Sciences）、俄罗斯科学院理论与实验生物物理研究所（Institute of Theoretical and Experimental Biophysics of the Russian Academy of Sciences）、喀山国立大学（Kazan Federal University）和法国勃艮第大学（The University of Burgundy France）的研究人员共同完成的。该研究得到了俄罗斯科学基金会的资助。研究结果已发表在《公共科学图书馆生物学》（*PLoS Biology*）杂志上。

科学家们通过实验发现，豌豆种子中含有淀粉样蛋白状的存储蛋白聚集体－淀粉样原纤维，且豌豆种子中的大多数淀粉样蛋白是由豌豆球蛋白（vicilin）形成的。由于植物淀粉样蛋白能够抵抗胃肠道酶的消化，不能被消化酶分解，导致哺乳动物不能完全消化植物淀粉样蛋白。淀粉样蛋白显著地降低了种子的营养价值。因此，了解如何减少淀粉样蛋白在植物种子中的形成，以获得含有更多普通蛋白的品种将有助于获得对人类来说营养价值更高的作物品种。

此外，vicilin 是豆类中发现的最重要的食物过敏原之一，其致敏性的机制可能与之前发现的蛋白质的淀粉样蛋白特性有关。经证实，储存蛋白质是胚胎营养物质的主要储存库，在种子中以淀粉样蛋白的形式积累。在未来，

对这些机制的研究将有助于产生致敏性低的豌豆、花生和其他豆类的品种。

来源：圣彼得堡大学

Arcadia Biosciences的高产、高纤维、高抗酶解淀粉小麦获得美国专利

农业技术公司 Arcadia Biosciences 上周宣布，该公司的高产、高纤维、高抗酶解淀粉小麦获得了美国专利和商标局的专利授权。这是 Arcadia 公司非转基因小麦品种 GoodWheat ™系列产品中的最新专利，由该公司专有技术平台 ArcaTech 开发。

新品种可以将产量提高 6% ~ 30%，使作物在抽穗期免于受冻减产

由 Arcadia 公司进行的多年田间研究发现，携带高产等位基因的小麦育种品系平均可提高产量 6% ～ 9%，其中一些品种的产量甚至高出 30%。现场试验进一步表明，该创新技术可能还有其他好处，包括在特定生长阶段降低对寒冷的破坏性影响的敏感性。例如，在非常敏感的抽穗期，霜冻来袭时，带有等位基因的小麦产量比不带等位基因的小麦高出 25%。

商业团体间的技术合作积极地推动了市场的发展

该公司通过与 Bay State Milling 和 Arista Cereal Technologies 谷物技术公司的合作，赋予了小麦多项品种优势，也提高了小麦的营养价值。该高纤维高抗酶解淀粉面包小麦品种将作为 Bay State 的 HealthSense ™品牌组合的子项进入北美市场。

高产的等位基因是 Arcadia 公司的 ArcaTech 技术平台的输出，是 Arcadia 已授权 Bay State Milling 和 Arista Cereal Technologies 使用的一系列专利中的最新专利。

这些专利有助于提高作物产量，改善作物的生产效率。以 Arcadia 公司为首的商业团体将继续扩大对这一小麦品种的市场推广。

来源：Arcadiabio

提高益生元碳水化合物含量成为美国扁豆育种新方向

美国南卡罗来纳州克莱姆森大学（Clemson University）的研究人员正在通过基因图谱和遗传标记技术，培育益生元碳水化合物（prebiotic carbohydrates）含量更高的扁豆品种。这项研究得到了美国农业部国家粮食与农业研究所（USDA-NIFA）的资助。

美国国家生物技术信息中心（National Center for Biotechnology Information，NCBI）的一份报告显示，肥胖和营养不良已经成为严重的健康负担，据估计，美国有34%的成年人和15%～20%的儿童和青少年被视为肥胖。为帮助减轻这种健康负担，将作物的营养品质特征纳入育种计划变得尤为重要。

益生元碳水化合物可以刺激人体肠道中健康细菌的生长，有助于人类的健康饮食。扁豆中含有大量的益生元碳水化合物，可以被用来预防包括2型糖尿病、肥胖和癌症在内的慢性疾病，研究人员认为可以通过育种和遗传学手段提高扁豆中益生元碳水化合物含量，进而开发含有强化益生元碳水化合物的扁豆新品种有助于提高人类的健康效益。他们利用基因图谱识别与高水平益生元碳水化合物相关的遗传标记，确定与生长相关的扁豆的遗传特征，帮助加速选育适应不同气候条件的扁豆品种。目前，已经发现与益生元碳水化合物有关的几个重要的遗传变异并用于育种。未来的育种者将能够基于这些发现使用遗传标记改良扁豆品种。

来源：Clemson News

ARS科学家发现了与鲜切生菜采后变质相关的基因

美国农业部农业研究服务局（Agricultural Research Service，ARS）的科学家们发现了5个长叶生菜品种，它们在鲜切加工后褐变速度较慢，而且收割后变质较慢。研究人员确定了与鲜切生菜收获后恶化相关的基因的位置，并且正在鉴定与褐变相关的基因。

根据科学家们的研究，考虑到褐变和变质的等级，用于商业生产和作为亲本开发新品种的最佳育种系是 Darkland、Green Towers、Hearts Delight、Parris Island Cos 和 SM13-R2。包含缓慢退化基因的染色体区域还包含 4 个基因（*Dm4*、*Dm7*、*Dm11* 和 *Dm44*）和一个 DNA 区域（qDm4.2），通过对基因编码的修改可以提高鲜切生菜对霜霉病的抗性，霜霉病是生菜的主要病害之一，病害严重时损失可达 20% ～ 40%。研究发现 4 个基因中的一个或多个与变质速度有很强的联系。此外，基于 DNA 的标记可以用于开发新的育种品系，这些品系具有缓慢的变质速度和理想的抗性基因组合。

这项研究的成果可以帮助生菜生产者和加工者控制褐变并延长保质期，而现有的改良空气包装、用氮气冲洗切碎的生菜袋以降低袋中的氧气含量等做法成本较为昂贵。

来源：ISAAA

资源高效利用

新发现的植物基因可以促进磷的吸收

哥本哈根大学（The University of Copenhagen）的研究人员在植物中发现了一种特殊的植物基因“*CLE53*”，该基因可以调节真菌与植物之间的合作，对于控制植物对菌根真菌的作用机制至关重要。该基因的关闭有助于作物形成更广阔的根系网络，并帮助它们吸收磷，从而减少化肥的使用。这一发现有助于提高农业效率和环境效益。该研究由诺和诺德基金会（Novo Nordisk Foundation）和哥本哈根大学资助，论文已发表在《实验植物学杂志》（*Journal of Experimental Botany*）上。

磷对所有植物都至关重要。然而，在农业中，大部分含磷化肥并没有被植物吸收。据估计，丹麦的农场每公顷土地施用磷肥约 30 千克，大约有 70% 在土壤中积累，仅有 30% 被植物吸收。降雨时，一些累积在土壤中的磷会通过地表径流冲刷到附近的溪流、湖泊和海洋中，这会增加藻类的生长，并可能导致野生动植物的死亡。

90% 的植物与菌根真菌建立了共生关系，这种真菌扩展了植物的根系网络，从而帮助它们获得了足够的磷、水和其他养分。

植物允许真菌生活在它们的根中，同时真菌从植物体中获取他们所需的营养。作为回报，真菌利用其深远的菌丝（丝状分枝）为植物获取重要的土壤养分，包括重要的矿物磷。研究人员指出，通过一系列的实验，已经可以证明植物缺磷时就会关闭 CLE53 基因，这样有助于植物与真菌更好的共生，进而促进植物对磷的有效吸收。

来源：Agro

水稻项目国际联合团队推动C4水稻功能性研究

稻米是世界的主要粮食之一，但它目前使用的 C3 光合作用途径效率较低。一项旨在培育高产和高效节水的水稻品种国际长期研究合作项目已经成功地将 C4 光合作用特性从玉米引入到水稻中。研究人员预测，将更有效的 C4 光合作用特性引入水稻，有可能将光合作用效率提高 50%，提高氮肥利用效率，并使水分利用效率提高一倍。该研究成果已发表在学术期刊《植物生物技术》（*Plant Biotechnology*）上。

C4 水稻项目联合团队由剑桥大学、牛津大学、华盛顿州立大学、马克斯·普朗克分子植物生理学研究所（Max Planck Institute of Molecular Plant Physiology）、莱布尼茨生物化学研究所（Leibniz Institute of Biochemistry）和澳大利亚国立大学组成。研究团队包括拥有从显微镜学到生理学、植物育种和建模等多种专业知识的科学家。项目资金来自比尔和梅林达·盖茨基金会（Bill & Melinda Gates Foundation）和 ARC 转化光合作用卓越中心（ARC Centre of Excellence for Translational Photosynthesis）。

研究人员将玉米中编码 C4 光合途径中 5 种酶的 5 种基因组合成一个单一的基因结构，并将其植入水稻植株中。利用合成生物学，研究人员可以同时引入几个基因，在短短一年内就可以种植植物，并可以在几个月内非常快速地重新设计其构建体。新技术大幅缩短了科学研究的周期。另一个关键结果是实现了基因表达，同时让相关的酶在植物的正确细胞中发挥了活性和功能。下一步的工作是将16个基因组装成一个构建体，控制整个代谢途径，向培育功能性C4水稻继续迈进。

来源：ARC转化光合作用卓越中心

WSU的研究将杂草变成生物能源作物

华盛顿州立大学的研究人员正在从遗传学和生理学的角度深入研究菥蓂（pennycress），一种生长在全球大部分地区的杂草，其种子含有高含量的脂肪酸，不适合人类食用，却是生产生物柴油和喷气燃料的理想作物。这项研究隶属于一个由美国能源部资助、伊利诺伊州立大学领导的多机构且耗资1 290万美元的大型研究项目。

该研究为期5年，目标是将pennycress作为一种冬季覆盖作物进行培育，并使其能在太平洋西北部、美国玉米带及其他地区茁壮成长。pennycress是一种有种植前景的替代作物，既可以作为油籽，也是一种可以改善土壤健康和生态系统的覆盖作物，能够捕获可渗入地下水的硝酸盐，抑制春季杂草的生长，防止水土流失。在过去的几年里，pennycress已经被开发为8 000万英亩的美国玉米带的冬季覆盖作物，现在正在其他温带地区进行试验，包括太平洋西北部。研究人员将找出能让pennycress在一系列环境中生存并融入一套种植系统的适应性基因。

此外，经过品种改良，可以减少pennycress中引起口感不适的脂肪酸的含量，培育出与菜籽油相似的油性。研究团队将利用基因编辑和组合理想的性状，对自然的、有益的基因变异和突变进行排序，并对性状、转录组和代谢体（生物内部相互作用的复杂的化学物质网络）进行研究，从而形成对育种和作物发展的新的认知。这项研究也将使人们更好地了解基本的油籽生物学，从而帮助改善相关的油籽作物，如油菜和油茶。

来源：华盛顿大学

美国投资新育种研究，以降低氮肥投入

近期，美国食品与农业研究基金会（Foundation of Food and Agriculture Research，FFAR）为加州大学戴维斯分校（UC Davis）提供了927 581美元的资金支持，用于研究墨西哥玉米品种Sierra Mixe。该品种能够在微生物的帮助下获得大气中的氮，减少作物对合成肥料的需求。Benson Hill（一家提供生物信息云平台服务的创新企业）为此项研究提供了等额的配套资金。该育种研究总计投资1 855 162美元。

虽然地球大气的大部分是由氮组成的，但植物无法直接获取大气中的氮。农民必须以其他方式为种植物提供氮，如合成氮肥。主要谷物作物，如小麦和玉米的种植严重依赖这些肥料。合成肥料不仅昂贵，而且对环境危害很大，会腐蚀土壤，降低土壤保存养分的能力。据估算，制造合成氮肥的过程造成了大约3%的二氧化碳排放。Sierra Mixe玉米植株除了地下的根，还有一个气生根系。气生根分泌出一种含有微生物的液体，这种液体可以从大气中为玉米提供30%～82%的氮营养。

研究团队对Sierra Mixe开展研究，以确定植物宿主微生物群落如何向植物提供大气中氮的过程。研究人员对吸收大气氮最成功和最不成功的单株植物进行研究，以分离出导致这一特性的基因。还对植物分泌物中微生物的基因组序列进行测定，以确定它们在捕获大气氮中的作用，以及微生物和植物是如何相互作用为植物提供氮。目前，这项研究正在确定玉米地方品种基因组中决定其与固氮微生物结合能力的区域，研究人员希望由此确定氮素捕获性状是否可以转移到温带条件下种植的传统玉米作物以及其他谷类作物上。

来源：FFAR

固氮基因有助于提高粮食产量

科学家们已经将一组基因转移到植物定植细菌中，使其从空气中吸收氮，并将氮转化为天然的氨肥。这项工作可以帮助世界各地的农民使用较少的人工化肥来种植小麦和玉米等重要粮食作物。

包括华盛顿州立大学的两名科学家在内的一组科学家在《自然微生物学》（*Nature Microbiology*）上发表了《谷物相关细菌固氮的控制》的研究论文。

该研究由英国国家科学基金会和生物技术与生物科学研究理事会资助。

研究思路：利用作物共生效益自然增肥土壤

鉴于化肥价格昂贵，对环境有诸多负面影响，而且需要耗费大量能源，人们对如何减少农业化肥使用量的关注越来越多。开发新的方法来提升生物固氮对全球作物生产的促进作用，具有巨大的益处。

该团队的研究有助于分享豆科作物中发现的一种共生效益，几百年来，农民一直依靠这种作物共生效益自然增肥土壤。

豆科作物，如鹰嘴豆和小扁豆，比其他作物需要的肥料少得多，这是因为它们与其根组织内生长的细菌形成了一种共生关系。这些细菌可以将氮气转化为氨，这一过程被称为生物固氮过程。

细菌从空气中吸收氮，并将其转化为植物生长所需的氨，为植物提供能量。植物反过来为微生物提供碳和其他营养物质。

为了协同工作，豆科植物和微生物已经进化到释放彼此能理解的信号。当需要固定氮时，植物就会释放化学物质向细菌发出信号。细菌产生类似的信号，告知植物它们何时需要碳。

研究目的：利用细菌中的固氮基因群提高土壤氮含量，减少化肥的使用，提高粮食产量

减少化肥需求可能会对世界各地的粮食供应、能源使用和农业成本产生巨大影响。对世界各地的许多农民来说，化肥价格高昂。但如果不施用化肥，由于土壤缺氮，许多具有营养价值的食物将无法在许多地区生长。

为了开发一种细菌与作物共生的合成方法，科学家们致力于确定细菌中能够固氮的基因群，然后将这些基因群添加到其他细菌中。

该研究旨在增加粮食产量，帮助养活全世界人口。在欠发达国家，把粮食生产转变为不使用氮肥的工作将会是一项巨大的进步。

下一步工作方向

该研究的实验室专门研究细菌的代谢过程，即细菌产生能量和利用能量的过程，为不同生物体固氮过程提供了蓝图。接下来，研究团队的合作者——麻省理工学院合成生物学家们将创建微生物和植物所需的机制。

来源：华盛顿州立大学

赤霉素信号传导新机制，提高水稻氮肥利用效率

中国科学院遗传与发育生物学研究所和牛津大学植物科学系等联合攻关，在赤霉素信号传导新机制提高水稻氮肥利用效率研究上取得重要进展。该研究成果以论文的形式于2020年2月7日发表在《科学》(*Science*)杂志上，并被作为该期的封面文章进行了重点推荐。

减少农业生产中氮肥投入并提高作物产量是农业可持续发展中亟待解决的重大问题。

20世纪60年代，矮化育种使水稻和小麦具有耐高肥、抗倒伏和高产的优良特性，但同时也存在氮肥利用效率低的缺点，其产量增加对化肥的依赖性高。持续大量的氮肥投入不仅增加种植成本，还导致环境污染。如何减少农业生产中的氮肥投入并持续提高作物产量，已成为农业可持续发展亟待解决的重大问题。

研究人员发现了赤霉素和氮素协同调控水稻生长发育的关键基因*NGR5*，并阐明了*NGR5*通过表观遗传调控水稻分蘖数等农艺性状氮素响应的分子机制。

研究人员发现了一种与氮响应相关的水稻基因，氮诱导该基因会引发*NGR5*蛋白积累，引起抑制分蘖生长基因的结构变化，从而关闭这些基因，增加分蘖数量，实现增产。

分蘖数的增加同时是由另一种促进分蘖蛋白DELLA的积累引起的，而这种蛋白会被植激素赤霉素（GA）降解。研究发现，GA还会减少*NGR5*的积累，分蘖生长是*NGR5*和DELLA蛋白之间复杂相互作用的结果。增加

NGR5 积累会促使当前的优质水稻品种提高分蘖数和产量，特别是在低施肥水平的情况下。

这项研究发现了植物根据土壤氮素量协调生长的途径，有助于制定育种策略、促进可持续的粮食安全和未来新的绿色革命。

该发现不仅深化了对赤霉素信号传导和植物氮素响应相互作用机制的理解，而且找到了一条在保证产量提高的同时，降低化肥投入、减少环境污染的育种新策略，为培育少投入、多产出、保护环境的绿色高产高效新品种奠定了理论基础，并提供了有育种应用价值的基因资源。

来源：牛津大学，中国科学院遗传与发育生物学研究所

其他

无融合生殖研究突破性进展

KeyGene 公司的植物育种生物学家从蒲公英中发现了一个 DNA 区域，这个区域对无融合生殖至关重要，使植物无需受精就能无性繁殖形成种子。无融合生殖研究的这一突破性进展已被发表在《基因》(*Genes*) 杂志特刊《植物无融合生殖的分子基础》(*Molecular Basis of Apomixis in Plants*) 上。

在广泛的商业作物中引入无融合生殖将从根本上改变植物育种和种子生产。具有无融合体的作物无需受精就能形成种子，这些植物的种子具有与繁殖它们的母株完全相同的基因组成。这使得高产杂交品种的繁殖变得容易，而这些杂交品种对养活迅速增长的世界人口至关重要。

尽管植物育种家一直非常希望将无融合生殖体培育到任何作物中，但 20 多年来，尽管在学术界和商业上都进行了大量研究，人们对控制无融合生殖的基因的分子认知仍然有限。为了了解无融合生殖过程，研究人员选择将研究重点放在一种常见的草坪杂草——蒲公英上。KeyGene 团队较早取得的突破性成功是克隆了 *DIP* 基因，*DIP* 基因是已知的唯一可控制双孢菌病的基因，也是无融合生殖的关键第一步。

在他们的最新出版物中，研究团队在第二个关键步骤—孤雌生殖上取得了突破性进展。研究人员确定了蒲公英DNA中控制孤雌生殖的基因可能位于的一个区域，将其命名为PAR位点。为此，他们将无融合生殖植株进行杂交，产生有或没有PAR位点的后代。令研究小组惊讶的是，没有关键PAR位点的蒲公英植株仍然能够自主形成胚乳（胚乳是一种通常由受精产生的种子组织，含有使种子发芽的营养物质）。

虽然蒲公英如何控制胚乳的自主形成仍然是一个谜，但找到控制孤雌生殖的基因位点对于进一步研究无融合生殖以及未来无融合生殖在作物上的应用具有重要意义。

来源：Seedworld

新发现：对于ACC在植物授粉、繁殖中作用的颠覆性认知

美国马里兰大学（The University of Maryland，UMD）的研究人员发现了一种名为ACC（1-氨基环丙烷基羧酸）的众所周知的植物分子的全新作用，对植物健康和作物生产至关重要，这是ACC可能作为一种植物激素独自发挥作用的第一个明确例子。这项研究结论发表在《自然通讯》（*Nature Communications*）上。

研究人员指出，ACC通过激活与人类和动物的神经系统反应类似的蛋白质，在授粉和种子生产中起着关键作用。这些发现不仅可以改变以往教科书中将植物反应归因于激素乙烯而不是ACC的常识，还为改善植物健康和作物产量的新研究打开了大门。

ACC在授粉和种子生产中的重要作用

这项研究最显著的成果是发现了一种新的植物生长调节剂或植物激素——ACC。ACC不是一个新发现的分子，但以前从未被认为是植物激素，而只是乙烯的前体。

乙烯是五大植物激素之一，人们对它的研究已经有一个多世纪了，它对植物健康和作物生产至关重要。在许多研究中，由于ACC是植物转化为乙

烯的前体，并较乙烯使用方便，所以ACC被用来代替乙烯使用已有几十年的时间。因此，以往文献中认定的乙烯反应有可能属于ACC反应。

ACC在植物繁殖方面的重要作用

研究发现，胚珠中的ACC信号参与了花粉管的转动和花粉的有效传递，这对种子的产生至关重要。这可能是第一个说明母体胚珠组织如何帮助吸引花粉管的例子。并且，在ACC存在的情况下，种子数量几乎翻倍，这说明ACC的使用有助于提高某些作物的产量，对长期的粮食安全产生有利的影响。

此外，通过识别ACC活性的潜在受体，研究人员发现人类、动物和植物激素信号通路之间存在明显的联系。这一发现为植物生物学的研究开辟了一条全新的道路，并指出了人类和植物的相似之处，而这些相似之处目前还没有被很好地理解。

来源：马里兰大学

最新研究：不育小穗有助于提高高粱等禾本植物的产量

美国Donald Danforth植物科学中心和美国农业部的科研人员对禾本植物的小穗进行了研究，结果表明不育小穗有助于提高高粱等禾本植物的产量，该研究成果已被发表在学术期刊《植物细胞》(*Plant Cell*)上。

在所有禾本科植物中，含有花朵和种子的结构被称为小穗。在覆盖地球表面17%的主要禾本科植物群落中，小穗成对出现，其中一个有种子，另一个没有种子(尽管在某些物种中它会产生花粉)。这种结构在高粱以及构成北美草原和非洲草原的许多野草中普遍存在。人们普遍认为不结种子的小穗是无用的。

研究人员使用放射性碳、稳定碳同位素、重要的代谢酶RNA序列以及Rubisco免疫定位等方法，发现不育小穗可以从空气中收集碳进行光合作用。通过追踪碳的流动，研究人员发现不育小穗将碳转移到结种子的小穗上，而结种子的小穗会把碳作为能量储存在种子中。而从高粱分枝的一个子集上除去不孕小穗时，种子的重量（产量）降低了约9%。

高粱现有品种的多样性可以说明不育小穗的大小是否能够影响到种子的大小，下一步研究将是探索不育小穗对不同品种田间种植植物产量的影响程度。

来源：Donald Danforth 植物科学中心

分子育种技术

科学家绘制了最大的 CRISPR 系统图

哥本哈根大学的研究人员分析并绘制了迄今为止最大、最复杂的 CRISPR 系统的原子结构，研究了一种名为 Cmr-β 的复合物，它属于Ⅲ-B 型 CRISPR-Cas 复合物的亚群。这项研究由诺和诺德基金会和丹麦独立研究基金等机构资助。新的研究结果发表在科学杂志《分子细胞》(*Molecular Cell*) 上。

在这项新的研究中，研究人员分析了 Cmr 在免疫系统中的作用，并深入研究了其对抗噬菌体的免疫反应背后的机制以及它的调节机制。

研究人员在这项新研究中绘制的 Cmr 系统可以除去单链 RNA 和 DNA。尽管 Cmr 系统由于过于庞大和复杂，很难应用于像 CRISPR-Cas9 这样的基因编辑工作中，但在未来，它可能仍然是解析细菌的免疫反应的关键，并且可能在抵抗抗生素抗药性方面有一些用途。

这种复合物在细菌和噬菌体之间的斗争中扮演着重要的角色，抗生素耐药性就产生于这一斗争过程。因此，研究结果也为抵抗抗生素耐药性研究提供了重要的帮助。

来源：哥本哈根大学

作物基因组编辑育种技术方法研究新进展

2020 年 1 月 13 日，《自然生物技术》(*Nature Biotechnology*) 杂志在线

发表了来自中国科学院遗传与发育生物学研究所高彩霞课题组和李家洋课题组合作题为“*Targeted, random mutagenesis of plant genes with dual cytosine and adenine base editors*”的研究论文。

该研究设计了可以从头突变并促进植物基因的定向进化的基因编辑器STEME-1和第二代STEME-NG。该研究利用这两个编辑器定向进化水稻OsACC基因并获得除草剂抗性突变。因此，这两个STEME将加快植物及作物的性状发展与进化，为快速获得有益农艺性状提供了可能，对农作物分子设计育种具有重要意义。该研究得到中国科学院战略性先导专项、国家自然基金委等项目的经费资助。

构建新型饱和靶向内源基因突变碱基编辑器STEME，并在植物中实现了基因的定向进化和功能筛选

遗传和变异是生物进化的基础。长期以来，通过物理（例如紫外线）或化学（例如甲烷磺酸乙酯）方法进行随机诱变可改善植物的性状，但劳动强度大且耗时。定向进化（Directed Evolution）则通过创制目标基因的突变文库，在施加一定选择压力下能够快速获得目的突变体。目前，植物基因的定向进化通常先通过易错PCR、DNA合成或DNA重组等方法在体外产生目标基因的突变文库，再转化到大肠杆菌或酵母中进行功能筛选。然而，由于离开原始的基因组和细胞环境，筛选出来的基因突变可能并不能完全反映出它在植物中的真实功能。更重要的是，大多数重要农艺性状无法在大肠杆菌或酵母中进行筛选。因此，建立一种在植物原位进行基因饱和突变和功能筛选的定向进化新方法将有助于加快植物育种及重要功能基因研究的进程。

应用STEME-1和STEME-NG在水稻中定向进化OsACC基因获得了除草剂抗性突变

研究者将胞嘧啶脱氨酶APOBEC3A和腺嘌呤脱氨酶ecTadA-ecTadA7.10同时融合在nCas9（D10A）的N端，并将抑制体内尿嘧啶糖基化酶UDG的活性的UGI以融合或自由表达的形式置于nCas9（D10A）的C端，共构建了4种形式的双碱基编辑器STEME（STEME-1至STEME-4）。STEME双碱

基编辑器均可以只在一个 sgRNA 引导下就可以诱导靶位点 C>T 和 A>G 的同时突变，显著增加了靶基因碱基突变的饱和度及产生突变类型的多样性。STEME-1 在水稻原生质体中 C>T 诱导效率高达 61.61%，C>T 和 A>G 同时突变的效率也高达 15.50%。为了提高靶基因的碱基覆盖度，研究者进一步利用能够识别 NG PAM 的变体 Cas9-NG 构建了第 5 个双碱基编辑器 STEME-NG，发现只需要 20 个 sgRNA 就可以对 OsACC 上编码 56 个氨基酸的序列实现近饱和的突变。

为了展示 STEME 在植物中的定向进化能力，研究者设计了靶向 OsACC 羧基转移酶结构域上 400 个氨基酸编码序列的 200 个独立的 sgRNA，分别构建到 STEME-1 或 STEME-NG 双元载体上。将构建好的双元载体分为 27 个转化组，每个组内混合了等分子量的 4 ～ 11 个 sgRNA 载体，覆盖 80 ～ 142 bp 的靶 DNA 区域，便于提高转化效率和突变的高通量测序。经农杆菌介导法转化水稻愈伤，共获得约 6 000 株水稻再生苗。水培法炼苗 10 天后，对再生苗喷洒高效氟吡甲禾灵（Haloxyfop）进行筛选，共发现 4 个除草剂抗性突变位点：P1927F、W2125C、S1866F 和 A1884P。除 W2125C 以外，其余 3 个抗性位点未曾在植物中有过报道。其中，P1927F 与 W2125C 突变一样表现出强除草剂抗性，具有较高的生产应用潜能。基于同源蛋白结构模型分析发现，这些氨基酸突变直接或间接地影响了除草剂结合口袋的构象，从而降低了其对除草剂分子的结合能力而获得除草剂抗性。

此外，STEME 系统还有望应用于不同细胞系、酵母或动物中的非编码区的顺式作用元件的调控、动物致病 SNV 的修正和抗药位点的筛选等。

来源：中国科学院遗传与发育生物学研究所，
国科现代农业产业科技创新研究院

美国研究人员利用CRISPR技术加速作物改良

想要改良农作物的科学家们面临着一个很大的困难：在调整了细胞的基因组后，很难从细胞中培育出植物。一种新的工具可以通过诱导转化的细胞，包括那些被基因编辑系统 CRISPR/Cas9 修饰的细胞，来帮助简化这一过程，以再生新的植物。霍华德休斯医学研究所（Howard Hughes Medical Institute）、加利福尼亚大学戴维斯植物转化实验室（The University of California, Davis Plant Transformation Facility）、约翰·英纳斯中心的研究人员一起进行了这项研究。研究成果于近日发表在《自然生物技术》（*Nature Biotechnology*）杂志上，报告了这项在小麦上开发并在其他作物上进行试验的技术。

研究小组使用已经控制了许多植物发育的2个基因（*GRF*和*GIF*），将这些基因并排放置，然后将它们添加到植物细胞中，极大地提高了改良小麦、水稻、柑橘和其他农作物中新芽的形成。

研究小组发现，如果实验使用了相关的*GRF*和*GIF*基因，那么转基因小麦、水稻、杂交柑橘和其他作物会产生更多的嫩芽。在对一种小麦的试验中发现，新芽的出现几乎增加了8倍。在其他试验中，水稻和杂交水稻的幼苗数量分别增加了2倍多和4倍多。更重要的是，这些嫩枝长成了能够自我繁殖的健康植物。

来源：约翰·英纳斯中心

基因编辑技术的最新突破将改良大麦作物品种

澳大利亚第一产业、区域发展部（DPIRD）和默多克大学（Murdoch University）联合建立的西方作物遗传学联盟（The Western Crop Genetics Alliance）研发出一种名为Doubleed Haploid CRISPR的新的基因编辑技术，该技术能够精确地开启和关闭大麦基因，从而创造出优良的性状。这项研究成果已于近期发表在《植物通讯》（*Plant Communications*）期刊上。

大麦的初始基因编辑将未成熟胚作为编辑过程的靶标，但是该方法仅适用于苏格兰的旧品种，澳大利亚品种不具备当前CRISPR技术所需的遗传特性，对该技术的使用效果较差。

Doubleed Haploid CRISPR采用了加倍单倍体技术，植物育种者和研究人员利用该技术可开发出性状固定的大麦品系，目前已产生了几个商业品种。

利用新的技术，研究人员以不成熟花粉细胞的愈伤组织（植物细胞）代替不成熟的胚胎，并以此作为基因编辑的目标在4个主要的澳大利亚大麦品种上进行试验，经过10个月的测试，其成功率可达50%以上。

来源：澳大利亚第一产业、区域发展部

加州大学利用基因编辑技术研究小麦作物病害

美国食品与农业研究基金会（FFAR）向加州大学伯克利分校（The University of California，Berkeley）提供了90万美元，用于通过先进的基因编辑技术应对毁灭性的流行疾病的研究。2Blades基金会和创新基因组研究所也提供了资金，该项目总投资金额为320万美元。

目前，培育抗病植物是控制植物疫病最有效和生态可持续的方法。为了实现这一目标，科学家们使用传统的作物育种来引入或堆叠多重抗性基因，但这种方法比较耗时。此外，在小麦等经济上至关重要的作物中，由于病原体不断进化克服抗性，堆积抗性基因的效果往往较短。

病原体含有能引起植物疾病的特殊蛋白质。由Brian Staskawicz博士和Ksenia Krasileva博士领导的加州大学伯克利分校的研究人员正在利用基因编辑技术，在小麦作物中堆积能够识别病原体蛋白质的抗性基因。通过对病原体的蛋白质进行识别，即使病原体发生突变，植物也可以抵抗病原体。

除了使用已经克隆的基因外，这项研究还涉及结合计算和合成生物学方法来开发新的抗性基因的能力。该研究的产出将通过2Blades基金会的小麦锈病联盟进行推广。

来源：食品和农业研究基金会

美加大学合作，应用基因编辑技术改良小麦

美国堪萨斯州立大学（Kansas State University）将与加拿大萨斯喀彻温大学（The University of Saskatchewan）组成研究团队，利用基因组编辑技术提高全球小麦品种的生产力和营养水平。该研究项目已获得来自美国农业部

国家粮食和农业研究所 65 万美元的资金支持。

该项目将利用 CRISPR/Cas9 的功能（指将 CRISPR 技术与相关蛋白结合使用）来优化传统育种策略。将这一工具整合到现代育种实践中，可以大大加快遗传增益速度，加快农艺基因的鉴定，扩大遗传多样性，缩短性状向适应种质渗入（转移）所需的时间。

研究小组使用 CRISPR 技术将驯化的性状引入野生小麦亲缘种。通过创造新驯化的野生作物品种，为拓宽现代面包小麦的遗传多样性铺平新的道路。

该项目还将测试一种新的策略，通过突变小麦基因组的一个区域来创造新的性状变异，该区域负责调控与氮吸收、碳固定、生长和营养再转化有关的基因。

研究人员同时指出，目前对编辑这些基因调控区域可能产生的性状变异范围的了解还很有限。

来源：堪萨斯州立大学

日本筑波大学利用Target-AID基因编辑技术有效改良番茄品种

在 2020 年 11 月 24 日《科学报告》（*Scientific Reports*）上发表的一项研究中，日本筑波大学（The University of Tsukuba）的研究人员利用 Target-AID 基因组编辑技术同时编辑番茄多个基因，有效地对番茄品种进行了改良。

要想通过育种控制番茄红熟果实中的类胡萝卜素含量，需要将多个相关碱基置换突变（Pyramiding）。因此，研究团队针对实验用番茄品种小汤姆（Micro-Tom），试着利用 Target-AID 向参与番茄类胡萝卜素代谢的 3 个基因（*SlDDB1*、*SlDET1*、*SlCYC-B*）同时导入了碱基置换突变。这些基因中，*SlDDB1* 和 *SlDET1* 参与色素积累，*SlCYC-B* 参与番茄红素积累，通过导入突变，色素和番茄红素有望增加。

实验结果显示，通过导入突变获得的 12 个再分化个体中，有 10 个（效率为 83%）个体的 3 个靶基因全部有效导入了碱基置换突变。另外，研究人员对碱基置换突变固定的系统进行了分析，发现绿熟果实的叶绿素含量增至原来的约 2 倍，而红熟果实的类胡萝卜素含量（番茄红素、β - 胡萝卜素和叶黄素等的总量）增至约1.5倍。这些结果表明，Target-AID能有效导入同时靶向多个基因的碱基置换突变，而且该方法可以提高番茄果实的类胡萝卜素含量。

来源：筑波大学

食品和农业中应用基因编辑技术可能导致意想不到的风险

加拿大生物技术行动网络（Canadian Biotechnology Action Network，CBAN）的一份报告概述了农业中正在探索的基因编辑新基因工程技术，以及由此产生的风险和潜在的意料之外的后果，其主要观点如下。

基因组编辑是一系列新的基因工程技术的集合，通过改变植物、动物和微生物中的遗传物质，旨在改变生物体细胞中的DNA，诱导出新的性状，而不必插入来自从另一种生物的基因或产生一种新的蛋白质。

但是，许多研究已经表明，基因组编辑可能产生遗传错误（在基因组编辑的背景下，遗传错误或者是DNA的意外改变，如重排或缺失，或是RNA和蛋白质组成的改变，错误解读DNA），如脱靶和在靶效应，这些遗传错误很有可能导致意想不到和不可预测的结果。

基因组编辑可能不精确。例如，基因组编辑技术可能对非预期编辑目标的基因进行不需要的和非预期的“编辑”，就会产生脱靶效应。被称为CRISPR-Cas9的基因组编辑技术就特别容易产生脱靶突变。

基因组编辑也可能导致非预期的靶向效应，当一种技术成功地在目标位置做出预期的改变时，也会引发遗传错误。例如，非预期的靶向效应可以改变基因被读取和加工成蛋白质的方式，对食品和环境安全都有潜在影响。此外，基因组编辑可能无意中导致宿主DNA的大量缺失和复杂的重组。

多篇最新学术论文也显示，在基因组编辑过程中，对于不需要的DNA的整合比之前认为的更为普遍，例如，在基因组编辑的无角牛体内意外发现了外源DNA，这表明需要对基因编辑生物进行系统的风险评估。

在每个转基因生物中，都可能存在由基因组编辑引起的遗传错误，其中包括意外的DNA整合。然而，迄今为止，还没有标准的协议来检测基因组编辑的非靶向效应或靶向效应。

DNA 序列的微小变化也会产生巨大影响。基因组编辑技术对遗传物质造成的某些类型的有意改变有时被描述为“突变”，因为只有非常小的一部分 DNA 被改变，没有新的基因被有意地引入。然而，DNA 序列的微小变化也会产生很大影响。基因功能在生物体中的协调是一个复杂的调节网络的一部分，我们仍然知之甚少，这意味着不可能预测到生物体内改变的遗传物质和其他基因之间所有相互作用的性质和导致的后果，例如，一个基因的改变可能会影响到生物体表达或抑制其他基因的能力。

尽管基因组编辑在专一性和精确性上得到了广泛的认可和推广，但像所有其他类型的基因工程一样，基因编辑可能造成意想不到的和不可预测的影响。该报告中的证据表明，即使基因组编辑的生物体不包含外源基因或不表达新的蛋白质，单凭这一点也不能被认定是安全的，且不意味着可以在环境中释放或供人类食用。

基因组编辑技术除了为更广泛的物种开辟了可能性（例如，更多的动物物种），还从不同的遗传特性的角度，通过强大的基因驱动推动了实验的开展。基因编辑生物体被设计用来加速遗传进程，推动新基因在一个物种的整个种群中传播，这可能带来不可逆转的影响。

该报告作出如下结论。

基因组编辑技术目前还存在很多未知领域和不确定性。基因编辑技术正在不断地推动新型基因工程植物和动物在食品领域的商业化，但是生物体内基因功能的协调是一个复杂的调控网络的一部分，还存在诸多未知领域和不确定性。

越来越多的证据表明，目前正在探索的基因组编辑技术并不像最初宣称的那样精确。将这些新的基因工程技术描述为能够对基因组进行编辑，这表明了一种尚未达到的精确程度，而且可能不容易实现。

基因组编辑会导致遗传错误。这些包括非靶向效应、非预期靶向效应、干扰基因调控以及预期和无意插入 DNA 的影响。基因错误会导致基因编辑生物产生意想不到的和不可预测的影响。蛋白质组成改变等意想不到的情况可能会影响基因编辑动植物的食品和环境安全。归根结底，基因组编辑技术的精确性以及基因组编辑产品的食品和环境安全性是不能假设的。相反，为了确保食品和环境安全，需要进行全面风险评估和强有力的全方位监管。

基因组编辑可以为许多新的转基因生物上市提供便利，从而增强应对当前社会和经济考虑的必要性。此外，基因组编辑使基因驱动这一特别强大的技术成为可能，这将带来深远的环境风险和社会风险。考虑到它们将被引入的生态系统的复杂性，在基因驱动的生物体释放之前评估它们的全部风险是不可能的。任何基因驱动生物体的释放都很可能是不可能被召回的，进而带来不可预测和不可逆转的后果。

来源：GMWATCH

智利大学研发耐旱、耐盐果蔬新品种

智利大学（The University of Chile）正在加大研究力度，开发更加耐盐碱、需水量更少的番茄和猕猴桃品种，以及研究生物刺激剂在植物上的应用，使番茄和猕猴桃更能承受干旱和盐碱相关的胁迫。

该研究是智利多机构合作研究项目——“植物科学项目”（Planta-Con-Ciencia Project）的一部分。干旱和盐碱化土地的增加可以直接导致作物减产，该项目的目标是寻求科学的解决办法，发展更具弹性和更可持续的农业，通过利用生物技术改良智利的果蔬品种，为该国带来经济利益，为可持续农业做出贡献。

研究人员利用 CRISPR/Cas9 基因工程技术，重点提高番茄和猕猴桃对盐碱、重金属和干旱的耐受性。研究的重点之一是使用 CRISPR-Cas9 基因工程技术改良番茄和猕猴桃。对于番茄，他们选择了 Poncho Negro 品种，该品种以具有高耐盐性和高重金属抗性而闻名。对于猕猴桃，选择了 Hayward 商业品种（一种用作砧木的品种）进行研究，以提高其对盐碱和干旱的耐受性。

研究人员同时进行了一项对环境友好的生物调节剂的研究，帮助植物提高对非生物胁迫的抵抗力。研究人员将研究和开发以促进根际细菌和植物代谢物生长为基础的环保的生物调节剂，这些调节剂可直接应用于番茄或其他植物，以提高它们对非生物胁迫的抵抗力。

“植物科学项目”项目组成员包括：智利国家研究与发展署（Agencia

Nacional de Investigación y Desarrollo，ANID）、智利大学科学院植物分子生物学中心（Center for Plant Molecular Biology of the Faculty of Sciences）、农业研究与发展研究所（Instituto de Investigaciones Agropecuarias，INIA La Cruz）和阿图罗普拉特大学（Arturo Prat University）。

来源：智利大学

转基因水稻或可成为天然降压药的替代来源

2020年6月20日，《农业与食品化学杂志》（*Journal of Agricultural and Food Chemistry*）在线发表了中国科学院植物研究所曲乐庆课题组题为“Hypotensive activity of transgenic rice seed accumulating multiple antihypertensive peptides”的研究论文。该研究开发了一种含有几种抗高血压肽的转基因水稻，给患有高血压的大鼠服用该大米，可以降低血压，并且没有明显副作用。

血管紧张素转换酶（ACE）在调节血压中有着重要作用。高血压是脑卒中和心血管疾病的主要危险因素。ACE在调节血压的过程中起着至关重要的作用。ACE催化非活性十肽血管紧张素Ⅰ向活性血管紧张素Ⅱ的转化。血管紧张素Ⅱ是一种强大的血管加压药，还会使血管扩张剂缓激肽失活，从而导致血压升高。因此，ACE活性的抑制已被用作高血压治疗的策略。

合成ACE抑制剂会引起副作用。许多合成的ACE抑制剂，例如卡托普利和依那普利，已被广泛用作降压药。但是，合成ACE抑制剂通常会引起不良副作用，例如干咳、头痛、皮疹和肾脏损害。

天然ACE抑制剂副作用小但成本高。在某些食品中发现的天然ACE抑制剂，可能具有较少的副作用。迄今为止，已从牛奶、鸡蛋、鱼类、肉类和植物中的食物蛋白的水解物中鉴定出各种ACE抑制肽（ACEIP）。这些具有生物活性的肽以较少的副作用而闻名，可以作为当前抗高血压药物的替代品。然而，由于生产肽所需的多个加工步骤（即发酵和/或酶消化和纯化）相关的成本较高，食物来源的ACE抑制肽的使用受到限制。

该研究提供了天然降压药的替代来源。水稻种子是生产重组蛋白的理想平台，因为它相对于重组蛋白具有高产量、低生长成本、大存储能力和高存储安全性。使用水稻种子系统作为生物反应器来生产药物蛋白已经取得了可观的进展。

研究人员将一种由 9 种 ACE 抑制肽和一种血管松弛肽连接而成的基因引入到水稻植株中，并证实这些植物产生了高水平的 ACE 抑制肽。然后，研究人员从转基因水稻中提取总蛋白（包括肽），并将其注射给大鼠。治疗后 2 个小时，高血压大鼠血压降低，而服用野生型大米蛋白的大鼠血压未降低。用转基因大米粉对大鼠进行为期 5 周的治疗，血压也降低了，这种效果在 1 周后仍然存在。治疗后的大鼠在生长、发育和血液生化方面均无明显副作用，因此该研究提供了天然降压药的替代来源。

来源：美国化学会，贤集网

表型组学及育种信息化

美国开展推进表型领域标准化研究

直到目前为止，表型分析都是极其耗费时间和劳力的。美国内布拉斯加大学林肯分校（The University of Nebraska）、得克萨斯农工大学（Texas A&M University）和密西西比州立大学（Mississippi State University）的研究人员组成的科学团队，正在努力改变表型研究的现状，其研究获得了美国农业部国家粮食与农业研究所300万美元的资金支持。

植物的表型因地区而异，这在很大程度上是因为植物对环境变量的适应能力较强，如降水和土壤成分。然而，研究人员表示，这种差异也可以部分归因于研究人员在表型鉴定中使用的协议、技术或算法不一致。植物表型鉴定工作虽然发展迅速，但由于标准不统一，造成了一系列问题，包括难以比较和解释研究结果，研究数据无法得到充分的利用，以及在不知情的情况下的重复研究。

正在推进的这项研究将扩大基于无人机和其他高科技表型研究方法的使用；创建表型数据收集、分类和分析的全国性标准；指导下一代植物科学家如何组织、理解和有效利用高科技手段产生的大量表型信息；并在植物的物理特性和遗传特性之间建立联系。

研究人员还将参与到“基因组到田地计划”（Genome to Fields Initiative）的研究中，该计划由艾奥瓦州立大学、威斯康星大学和艾奥瓦州玉米种植者协会等组织的研究人员共同进行研究，致力于更好地理解不同环境下玉米基因的功能。

该项目为建立一个全国性的、基于无人机的表型分析网络铺平了道路，在这个网络中，工具和协议是标准化的，实验是协调一致的，数据可以实现无缝共享。

来源：内布拉斯加大学林肯分校

P2IRC利用软件PlotVision创新选种方法

PlotVision是萨斯喀彻温大学植物表型和成像研究中心（P2IRC）开发的一款新型图像分析软件，用于分析农田图像，该软件有望提升未来种子开发的效率。

PlotVision可以识别无人机图像，不依赖人工分析，预测作物产量和抗病情况等，确定使用最有效的杀虫剂、肥料和作物品种。

植物育种研究人员和种子公司必须对大量农田进行评估，从而培育出新的作物品种，而PlotVision将有助于提高该过程的效率和分析质量，PlotVision可以在改善农民使用种子方面发挥重要作用。

PlotVision可以识别无人机图像中的各个地块，并使用人工智能（AI）分析其颜色、三维形状等，从而帮助预测作物产量和抗病情况等。研究人员可以利用获得的数据，确定使用最有效的杀虫剂、肥料和作物品种。

与市场上类似的软件不同，PlotVision不依赖人工分析，而是通过自动化技术和人工智能降低成本和周转时间，同时提高生成信息的质量。

研究机构及支持基金介绍

P2IRC是一家数字化农业研究中心，由加拿大首席研究卓越基金（CFREF）资助，并由萨大全球粮食安全研究所（GIFS）代表该校进行管理。

P2IRC的目标是帮助加速育种和创新，为产业和所有其他利益相关者提供解决其主要诉求的工具。

CFREF基金资助的项目可以使植物育种者、计算机科学家和其他相关人员能够开展新的多学科合作。

来源：Seedworld

植物断层扫描表型成像新技术

科学家们开发了一种用于植物的计算机断层扫描表型成像系统，已对麦穗进行了断层扫描研究。该系统能够更准确、更快速地测量和分析植物性状，从而更快地培育出适应气候变化的植物种类。

这项研究由德国弗劳恩霍夫研究院（Fraunhofer Institute）集成电路研究所X射线技术发展中心与澳大利亚阿德莱德大学（The University of Adelaide）农业、食品和葡萄酒学院合作进行。成果发表在《植物方法》（*Plant Methods*）杂志上。

新系统采用微焦点X射线成像原理进行超高分辨率三维成像，可高精度测量植物性状，被广泛用于多个领域的研究。

计算机断层摄影在医学上是一项成熟的技术，但与传统医学不同，用于植物的计算机断层扫描研究需要独特的算法和软件等。德国弗劳恩霍夫研究院在该研究领域位于世界最前沿。

该计算机断层扫描表型成像系统采用微焦点X射线成像原理进行超高分辨率三维成像，可以在不破坏样品（无需染色、无需切片）的情况下，获得高精度三维图像，显示样品内部详尽的三维信息，并进行结构、密度的定量分析，适用于观察植物化石样品结构和植物活体组织的细胞结构，近年来被广泛应用于结构学、组织学、生物学特别是古生物学等研究领域，例如花、果实、种子、根系等研究。

下一步的研究将专注于研究外在胁迫因素对植物微观结构的影响，以及不同植物基因品系的内部微观结构特征。

近年来，研究团队一直致力于将计算机断层扫描技术应用于植物表型研究领域，特别是专注于植物结构高分辨率无损检测。其中一个研究方向为研究外在胁迫因素对植物微观结构的影响；研究的另外一个方向是不同植物基因品系的内部微观结构特征。

来源：Agropages

新型人工智能和数据工具将用于加速植物育种

加拿大蛋白质实业公司（Protein Industries Canada）作为投资方之一，宣布了一个新项目：Sightline Innovation、DL Seeds 和 SeedNet 将组成合作伙伴关系，利用先进的人工智能（AI）和数据工具来优化当前的植物育种流程。这项研究的目标是开发兼具高产潜力和高蛋白含量的黄豌豆品种。该项目将获得总计 350 万美元的投资。

战略协同是加拿大蛋白质行业项目实施的特点。为了开发新品种，DL Seeds 将从欧洲引进独特的黄豌豆亲本系，利用多方参与的育种计划和专有数据集，使之适应加拿大的生长条件。该过程将被一系列由 Sightline Innovation 提供的算法简化，其中包括已成功用于人类健康基因组学分析的专有框架。SeedNet 是一个经验丰富的行业组织，由 12 名获得认证的种子种植者组成，将在加拿大西部负责新产品的营销和分销。

在不到两年的时间里，加拿大蛋白质实业公司与其行业合作伙伴已共同向加拿大植物蛋白质行业投资了约 1.63 亿美元。

来源：Seedquest

科学家预测作物的重要经济性状

俄罗斯圣彼得堡国立理工大学（Peter the Great Saint-Petersburg Polytechnic University，SPbPU）的研究人员开发了一种新的数学模型来预测作物的经济表现，这种方法可以帮助育种者获得尽可能高质量的植物。该研究成果已在“第五届植物遗传学、基因组学、生物信息学和生物技术会议”（PlantGen 2019）上进行汇报，并发表在《BMC 遗传学》（*BMC Genetics*）期刊上，由俄罗斯基础研究基金会项目（编号：18-29-13033）提供支持。

这种新的数学模型被用于预测作为功能基因型的作物表型性状，农业中的此类模型被称为基因组选择模型。培育新的植物品种通常需要 10 ～ 12 年的时间，而使用基因组选择模型，将使培育植物新品种的过程加速好几倍。由于包含的参数较少，这一基于机器学习方法的数学模型比现代的模拟模型表现得更好。

研究人员已应用该模型对一种重要作物——大豆的表型特征进行了预测，分析了作物的株高、单株种子数、产量、种子中的蛋白质和油分含量。

对于育种者来说，选择能够产生高质量后代的亲本植物是非常重要的，由于模型中参数的数量很少，育种者可以根据后代的质量对亲本对（breeding pairs）进行排序，从而筛选出代表新的、具备潜在理想性状的优良的亲本对。

来源：Seedworld

美国利用机器学习和计算机视觉技术促进大豆育种

随着机器学习和计算机视觉技术的成熟，一场大豆根系性状育种的革命已经开始。近期，艾奥瓦州立大学和美国农业部的科研人员发表了最新的大豆育种框架，该框架利用计算机视觉和机器学习将遗传信息与根系性状联系起来。

研究小组从美国农业部核心标本和大豆巢式关联作图（Nested Association Mapping）亲本的一个子集中选择了292个大豆品种。将这些种子在受控的环境下进行种植，并在发芽后的第6、第9、第12天对其根系进行成像，运用计算机视觉和机器学习方法测量根系性状，并根据根系构型差异分组，进行根表型－基因型观察和分析，从而使育种者可基于基因组预测的方法选择需要的根系形态（如耐旱的根系）。

该项目将传统的农作物育种重点从仅侧重于地上性状转向整个植物。研究揭示了重要根系性状中存在遗传多样性，并且同一地理起源的品种其根系性状遗传多样性有限（如多数北美大豆品种）。研究还指出，研究人员必须确定根系性状如何影响产量和其他重要性状，并进一步调查根系性状是否已经在商业品种中进行优化，或者是否存在大量尚未利用的根性状变异资源。

来源：Seedworld

科学家根据幼苗数据提高产量预测准确性

密歇根州立大学（Michigan State University）的科学家利用仅生长了2周的玉米幼苗RNA数据，对成年作物性状进行预测，其准确性可与目前使用DNA（即遗传数据）的方法相媲美。该成果发表在国际学术期刊《植物细胞》（*Plant Cell*）上。

该研究在揭示DNA、RNA及潜在性状三者关系上更进了一步。生物学上公认的一大挑战是如何将DNA或基因型中的信息与性状或表型联系起来。研究人员认为解决这个谜题对于了解任一物种的遗传信息如何转化为该物种的外在性状至关重要。

由于RNA是DNA的产物，比DNA更接近相关性状，因此RNA蓝图可能会提供更好的预测结果。研究人员使用机器学习方法，在研究DNA、RNA及潜在性状三者关系上更进了一步。

成果将有助于发明新的育种方法和基因检测方式。研究人员发现RNA测量提供了仅依靠DNA无法获得的其他信息。例如，在繁殖方面，甚至可以在植物发育出种子或花朵之前就做出准确的开花和产量预测。

使用基于遗传标记模型的传统方法，在与开花时间相关的14个已知基因中，只确定出1个重要基因。但是该研究团队创立的基因表达模型确定了5个重要基因。

尽管准确性有所提高，但新方法并不能取代旧方法。这项发现是对基于遗传标记的传统预测方法的补充，识别了遗传标记无法解释的基因表达与性状之间的关联。这不仅有助于选择具有理想性状的育种系，而且还增强了研究人员对这些过程所涉及机制的理解。

未来的研究将致力于改善模型的准确性、效率和成本。

来源：Agropages

品种检测及种子处理技术

首次对转基因作物进行开源检测

来自欧洲、新西兰和美国的非政府组织、非转基因食品协会组织以及欧洲领先的零售商，联合发布了首个通过基因编辑技术开发的商业化作物的检测方法。这种方法已被用来检测一种转基因产品——美国生物技术公司 Cibus 以 Falco 品牌出售的一种耐除草剂油菜籽（SU Canola）。这项测试为开源测试，已经过同行评审，该研究成果已发表在专业学术期刊《食品》（*Foods*）上。

这项新研究驳斥了生物技术行业和一些监管机构的说法，即经过基因编辑的新型转基因作物与类似的非转基因作物没有区别，无需受到监管。

这种新方法可以检测出使用基因编辑开发的耐除草剂油菜籽品种，使欧盟国家能够对进口产品进行检查，以防止未经授权的基因编辑作物非法进入欧盟食品和饲料供应链。到目前为止，欧盟国家还无法测试其进口的产品中是否存在这种在美国和加拿大部分地区种植的基因编辑油菜籽。新方法还允许食品公司、零售商、认证机构和国家食品安全检查员验证产品中是否含有这种基因编辑油菜籽。

奥地利环境署（Umweltbundesamt）是欧洲转基因检测实验室网络的成员，已对这种方法进行验证，该方法符合所有欧盟法律标准。

欧洲法院 2 年前裁定，基因编辑生物属于欧盟转基因法律的管辖范围。法院表示，将新的转基因生物排除在法规之外将与立法目的背道而驰，这将未能尊重欧盟创始条约中规定的预防原则，该原则是欧盟食品安全规则的基础。

这项新的测试表明，欧盟有关转基因生物的法律也可以适用于通过基因编辑产生的新型转基因生物，从而保持了欧盟较高的食品安全标准。

来源：MDPI

美国ASTA成员合作发表大豆分子标记论文

由美国种子贸易协会（The American Seed Trade Association，ASTA）成员组成的研究团队撰写的名为“单核苷酸多态性可用于大豆品种保护的独特性－均匀性－稳定性测试”的科学论文，已发表在《作物科学杂志》（*Crop Science Journal*）上。该研发团队的成员来自拜耳作物科学公司、伊利诺伊大学作物科学系、艾奥瓦州立大学农学系和艾奥瓦州的独立承包商。

该团队创建了利用分子标记提高识别率的方法，促进了大豆品种的独特性－均匀性－稳定性（DUS）的繁殖测试，同时也维护了现有的知识产权保护（IPP）水平。单核苷酸多态性（SNP）是一种分子标记，研究人员结合形态学、生理学和系谱信息，在这项研究中检测了超过300个品种。

研究人员发现，所有品种的SNP和系谱亲缘数据相似度很高。SNP和系谱数据表明，美国大豆品种间DUS的相关问题并不是由F_2育种群体遗传多样性不足造成的。这项研究成果有可能在不增加成本的情况下使使用分子数据的过程更加高效。初步的研究结果已于2019年在UPOV生物化学和分子技术工作组会议上进行汇报。

来源：Seedworld

关于种子发芽早期活动的新观察

通过研究种子发芽控制的早期过程，研究人员可以更好地理解种子发芽的驱动机制。未来亦可以考虑如何将这些驱动机制用于作物生物技术。这项研究成果对农业具有十分积极的意义，一方面可以使种子保持尽可能长时间的发芽活力，另一方面也可以帮助种子在损失最小化的情况下同步发芽。领导这项研究的是德国明斯特大学（The University of Münster），该研究成果已发表在《美国国家科学院院刊》杂志上。

研究背景

植物种子对于不经意的观察者来说显得平淡无奇，但是它们却拥有超能力一般的特性。在干燥状态下它们可以积蓄能量长达数年，然后在适宜的环境条件下突然释放能量以供发芽。死亡谷国家公园（Death Valley National Park）中的“超级绽放”就是最明显的例子。种子在经历了几十年干旱炎热的沙漠环境之后，一旦遇到降雨，就会立刻发芽，并在几个月之后形成罕见而壮观的沙漠绽放现象。种子拥有完整的胚胎，这个胚胎只有在适宜的条件下才能持续生长。这个过程可能需要几年的时间，在一些极端情形下也可能需要几个世纪。

种子发芽受几种植物激素的控制，在这方面科研人员已经开展了大量研究。但是，对于使激素发挥作用的过程却知之甚少。种子中的能量如何被释放？怎样才能尽早、有效地进行能量代谢？

研究方法

研究人员使用一种新型的荧光生物传感器，在活的种子细胞中观察了能量代谢和依赖于硫的氧化还原代谢。研究人员发现，当种子与水接触时，能量代谢会在几分钟之内开始，而植物细胞的发电站（即线粒体）会激活种子的呼吸作用。研究人员还发现通过激活哪些分子开关可以使能量得到有效释放——所谓的硫醇氧化还原开关在其中发挥着核心作用。

为了能够观察到能量代谢过程中发生的活动，研究人员在显微镜下观察了细胞中的能量通用货币三磷腺苷（ATP）和线粒体中的电子能量烟酰胺腺嘌呤二核苷酸（NADPH）。他们对干燥的拟南芥种子和吸水的拟南芥种子进行了比较。

为了确定氧化还原开关对于启动种子发芽是否重要，研究人员使用遗传学方法使特定蛋白质失活，然后比较了经基因修改的种子和未经基因修改的种子的反应。让种子在实验室中人工老化之后，研究者发现如果缺少相关蛋白质，种子发芽的活性就会大大降低。

研究人员的下一步工作涉及所谓的氧化还原蛋白质组分析，即他们使用生化方法对相关的氧化还原蛋白进行了整体检查。为此，他们分离出激活的线粒体并对其快速冷冻，以便能够直接研究该过程发生的状态。然后，研究人员使用质谱法鉴定出了几种半胱氨酸肽，它们对于能量代谢的资源利用效率发挥着重要作用。

该过程类似于大城市的交通控制系统。早高峰就像发芽，因为大量代谢物被放置于“道路上”。早高峰期（即发芽）开始之前，需要在清晨就打开交通信号灯和行车路线系统。这个过程是由硫醇氧化还原开关完成的。

来源：ScienceDaily

拜耳：种子处理的集成方法

种子处理的价值在于，它是向种植者提供作物保护技术的一种非常有效的方式，可以减少对环境的影响。

对于欧洲市场，种子处理要想实现新的可持续发展则亟须变革，不仅要改变提供的产品类型，而且要改变种子应用解决方案的开发和销售方式。要通过专注于融合了最佳种子处理技术、流程和实践的集成解决方案来帮助推动这一变革。

拜耳种业公司在欧洲不同市场推出种子处理新技术

近年来，包括种子处理产品中某些活性成分的使用存在不确定性以及政府的使用限制等因素阻碍了欧洲种子处理市场的增长。虽然种子应用技术方面的创新活动在一定程度上已经抵消了这些限制的负面影响，但市场的下滑预计将持续数年，直到下一波尖端种子处理产品在欧洲扎根推广。

要想获得成功，欧洲农民需要的解决方案不仅要更加环保，还要提高效率并解决诸如昆虫和线虫防治之类的重要农艺问题。

针对这些需求，拜耳种业公司最近在欧洲不同市场推出了很多种子处理新技术。其中包括为玉米和油菜提供疾病防护的 Redigo M 和 Scenic Gold 两种产品，以及用于谷类作物的杀菌产品 Bariton Super。

未来成功的关键不在于单个产品，而在于集成方法，甚至跨行业合作

拜耳种业公司不仅提供单一解决方案，更致力于开发创新的、定制化的解决方案，将新的化学和生物技术结合起来，并结合正确的耕作和管理实践，以确保种子充分发挥潜力。

创新的最佳途径是与其他的行业的利益相关者建立合作伙伴关系，这些利益相关者不仅包括大型企业，还包括地区种子公司和初创企业。这种合作将产生凝聚力，并带来跨职能的助力，将各种种子处理方法整合在一起，形成完整的解决方案，进而获得最大的成功机会。

强大的合作伙伴关系以及致力于提供集成解决方案的承诺，使拜耳种业公司在小分子研究、新涂层和改进的种子处理设备与服务等领域的创新浪潮中处于独特的领先地位。有机化学是另一个关键部分，新的生物解决方案已成为农民和行业合作伙伴扩展和改进种子应用技术长期战略的一部分。

来源：Agropages

先正达将推出新的谷物品种和新的种子处理方法

先正达在2020年的谷物虚拟活动（6月10日和11日通过谷物活动网站）中将展示一些新的小麦和大麦品种以及用于大麦的新的种子处理方法。

冬小麦

冬季饲用小麦新品种SY Insitor是AHDB 2020/21年度推荐名单中的新增品种，它是先正达集团在英国推出的4个硬质冬小麦中产量最高的品种。

其他硬质冬小麦品种还包括Gleam、Graham和Shabras，所有4个品种都具有较强的抗病性，抗病等级在6.3以上。

杂交冬大麦

由于农民对杂交大麦的强烈需求，这种需求不仅源自作物的高产潜力，还因为它的旺盛生长抑制了杂草的生长，先正达将展示3种重要的冬季饲用

大麦杂交品种。包括高产杂交品种 SY Kingsbarn、新的高产候选杂交品种 SY Thunderbolt 和长期以来市场反映良好的杂交品种 Bazooka。

基于最新杂交大麦杂草抑制试验的结果，该公司还将向客户介绍，在化学控制难度越来越大的情况下，如何利用杂交大麦抑制农场杂草的生长。

春大麦

对于春大麦种植者，先正达将在本次线上的虚拟活动中展示其新品种 SY Splendor 和 SY Tungsten。

SY Splendor 作为新的制作麦芽的品种被添加到 2020 年 AHDB 推荐名单中，在该名单上，SY Splendor 是英国产量最高的品种，并正在接受酿造用途的测试，而 SY Tungsten 在产量上紧随其后，正在接受酿造和麦芽蒸馏用途的测试。

大麦种子处理新方案

先正达还将展示一种用于大麦的新型杀菌剂种子处理方法，并在最近批准将种子处理杀菌剂 Vibrance Duo 用于冬季和春季大麦作物。

自 2017 年起，Vibrance Duo 被允许用于冬小麦种子以防治一系列植物病害，该种子处理杀菌剂的主要好处是改善作物根部的生长发育状况。更好的根系生长能够促进作物更好地吸收土壤中的水分和养分。更好的作物定植和根部发育也是先正达在本次活动期间关注的主题之一。

来源：先正达英国

其他技术

首个食品级小麦草品种公开发布

小麦草富含有益的营养成分，但在历史上，它一直被用作动物饲料。近期，明尼苏达大学发布了第一个食品级小麦草品种供公众使用。现在，这种生态友好、成本效益高的作物也可以作为人类食物普遍种植。

新品种名为 MN-Clearwater，通过 7 个具有所需品质（高产和种子大小）的小麦草亲本杂交而成。育种者已经成功地驯化了这种多年生作物，为环境和农民带来了诸多好处。

对于环境来说，与玉米、大豆等农作物相比，新的小麦草品种的优势在于：减少了土壤流失；减少了进入地下水系的化学品和肥料；提高了碳储存。

对农民来说，种植小麦草的经济优势在于，农民每三年只需要种植一次，就会有多次收成。作为一种多年生作物，小麦草比一年生作物需要的化肥和机械投入更少。此外，小麦草还可以抑制某些杂草的生长，天然的杂草控制特性可以降低使用除草剂的潜在成本。

在商业实践中，MN-Clearwater 小麦草提供了新的口味和营养特性，可以添加到食品中。该品种可以作为小麦的替代品，但最好与小麦一起使用进行谷物烘焙。同时使用小麦和小麦草作为原料，既能保持产品的烘烤性能，又能提供新的风味。第一个使用 MN-Clearwater 小麦草的注册食品是一种来自巴塔哥尼亚的啤酒，其他产品包括几款当地酿造的啤酒和一款 Cascadian Farm（食品品牌）的限量版谷类食品。

来源：Seedworld

先正达在美国北部推出3种春小麦新品种

为了帮助美国北部平原的小麦种植者应对不规律的天气和不断变异的虫害威胁，先正达公司推出了三种专门针对该地区实际情况培育的春小麦品种。

这些新推出的 AgriPro 品牌小麦种子的品种名称分别是 SY McCloud、SY Longmire 和 SY 611 CL2，在 2020 年春小麦播种季节，这 3 个经认证的品种将公开出售。

SY McCloud

对于明尼苏达州、北达科他州和蒙大拿州希望增加经济收入的种植者来说，SY McCloud 具有适应能力强、蛋白含量高、产量潜力大、颗粒饱满的优良特性。与 SY Soren、SY Ingmar 等其他 AgriPro 品种一样，SY McCloud 延续了其高蛋白、高回报的品牌优势。

SY Longmire

麦茎蜂（Wheat stem sawfly）在整个北部平原区域内均有活动，但明尼苏达州受到的威胁更为严重。这种小虫在小麦的空心茎秆中产卵，导致麦秆倒伏、生长困难、产量下降。麦茎蜂不能在实心茎秆小麦中产卵，新培育的实心茎秆小麦品种 SY Longmire 将成为抵御麦茎蜂的有效武器。除此之外，SY Longmire 还具有强大的抗病害能力、出色的产量以及高于以往实心茎秆小麦品种的蛋白含量。

SY 611 CL2

在春小麦的麦田中，山羊草（goat grass）、黑雀麦（cheat grass）和抗性野燕麦（Group 1 resistant wild oats）等杂草的入侵会造成很大麻烦。作为新培育的第三种春小麦品种，SY 611 CL2 可以在不牺牲产出潜力的情况下丰富种植者的杂草管理手段。SY 611 CL2 是耐除草剂品种，增产潜力大，此外，该品种具有优质蛋白，麦秆韧性更强。

来源：Agropages

紧急情况下，纳米生物技术的应用可以提高农业产量

印度科学家近期的研究显示，紧急情况下，纳米生物技术可以提高农作物的生产力。该技术可以通过对种子和植株根部的特殊处理，达到提高农业生产效率的目的，而且所需农业资源较少。

纳米生物技术可以在紧急情况下推动农业可持续发展

纳米生物技术可以在资源较少的情况下应用于农业生产，以应对恶劣地形、战争情况、重大疫情，甚至是国际贸易禁运等紧急情况。如在当前的COVID-19疫情中，封锁措施使农民难以获得如种子、肥料和田间劳动力等重要农业投入品。隔离措施迫使外来务工人员返回家园，已经播种的作物面临无人耕种的境地。联合国环境规划署的一份声明就此指出，错过播种和收获期将使产量受到严重影响。

2019年的COVID-19疫情使科学家们重新开始设计未来的可持续战略，这些战略在当地必须具有可行性，而用于农业的纳米技术就是这类技术之一。

印度在十多年前就已经启动了国家纳米技术任务（National Nanotechnology Mission），纳米生物技术已经在印度经济的支柱领域——农业中得到应用。

经合成的纳米粒子，可用于土壤肥力的恢复，提高作物产量

印度坎普尔理工学院（Indian Institute of Technology Kanpur）正在利用纳米硫铁矿提高作物产量。他们合成了由铁和硫组成的纳米粒子，其直径是人的头发直径的1/1 000。

这种经过改造的纳米粒子是以维持海底生命的天然纳米粒子为模型的。来自深海热泉的硫铁矿纳米颗粒是深海中丰富的铁的来源，为生活在海洋中的细菌和微小植物提供铁，作为其生长的能量。

纳米肥料的应用是恢复土壤可持续性的一种方法。此外，研究人员还发现了纳米的一种用途，即通过用硫铁纳米生物刺激剂（即纳米硫铁矿）对种子或根部进行简单处理，可以增强种子和根部的新陈代谢，提高小麦、鹰嘴

豆、白菜、花椰菜和番茄的产量。

有效、运作良好的评估和监管体系对于纳米生物技术的推广至关重要

纳米技术一直在支持印度农业市场开发中具有更高效率和更低成本的产品和工艺。随着该技术商业化的范围不断扩大，印度政府于 2019 年出台了一套准则，用以规范和维护产品和工艺的质量和安全性。

这些法规将监督数百种已经在印度市场上使用和流通的纳米农业输入产品（nano-agri input products ，NAIP）和纳米农业产品（nano-agriproducts ，NAP），以防止纳米颗粒对人类和环境产生毒性。

研究人员指出，批准农民使用纳米技术并扩大该技术的使用规模，应该建立在一个透明的、以科学为基础的技术评估体系之上。监管体系需要透明化，用于评估的数据需要公开，以便进一步研究这些技术的安全性和有效性。

虽然纳米技术具有很高的应用潜力，但它对人类、动物和环境的安全性仍然令人担忧。有效、运作良好的评估和监管体系还需要各级人力资源和监管机构的努力。

来源：MONGABAY India

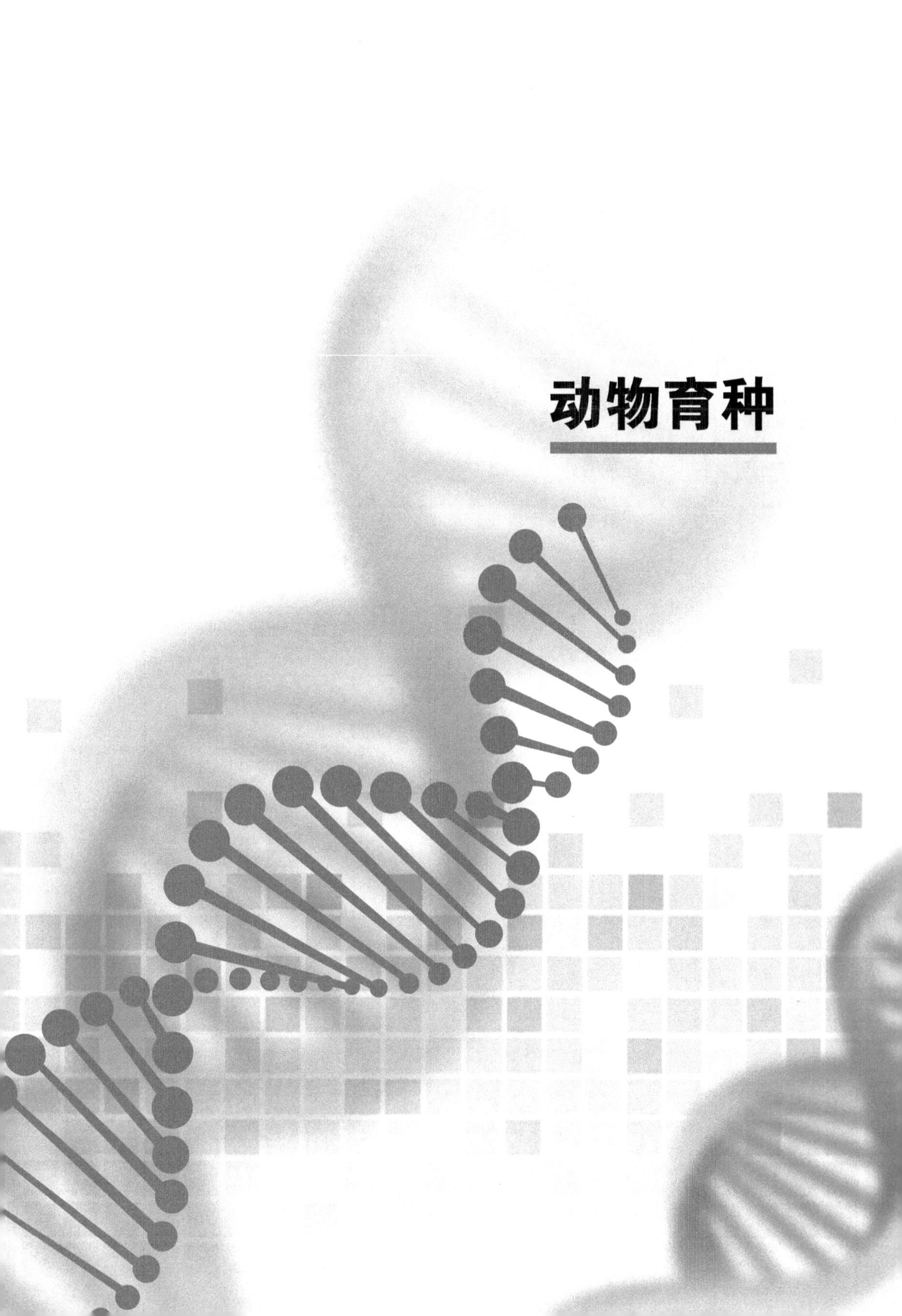

动物育种

分子育种技术

最准确的猪基因组图谱为动物育种提供启示

近期，由英国生物技术和生物科学研究委员会（Biotechnology and Biological Sciences Research Council，BBSRC）、美国农业部（United States Department of Agriculture）、惠康基金会（Wellcome Trust）和罗斯林基金会（Roslin Foundation）资助，由罗斯林研究所（Roslin Institute）和美国农业部农业研究服务局肉类动物研究中心（U.S. Meat Animal Research Center）的科学家牵头，来自英国和美国15个实验室的40位科学家破译了猪的整个基因组，该研究利用最先进的DNA测序技术构建了新的参考基因组，提供了超过2.1万个猪基因的位置信息，这些信息可以在线免费获取。该研究研究结果发表在 *GigaScience* 杂志上。

研究人员还确定了2 500个与人类基因有进化联系的猪基因，使已知的此类基因数量增加到15 500个。科学家们对2种不同的猪的基因组特征进行了描述，一种是杜洛克品种的母猪，另一种是雄性杂交的白色野猪，研究还包括另外11种来自欧洲和亚洲的品种。

来源：爱丁堡大学

最新解码绵羊参考基因组

据爱丁堡大学热带牲畜遗传与健康中心（CTLGH）发布的资讯，动物基因组的绵羊功能注释（FAANG）项目组已经生成了一个高质量的基因组基因定位图，项目结果已发表在《遗传学前沿》（*Frontiers in Genetics*）杂志上。美国农业部国家食品农业研究所（USDA NIFA）对该项目给予了经费支持。

兰布列羊（Rambouillet）以其优质的羊毛而闻名，现已在美国西部广泛养殖。兰布列羊参考基因组由得克萨斯州休斯敦贝勒医学院的研究人员制作，并于2018年发布。该参考基因组包含大量信息，但是为了识别基因组的功能元件（即基因和调节它们的区域），需要对这些信息进行破译或注释。罗斯林研究所（Roslin Institute）的CTLGH研究人员与美国、澳大利亚和新西兰的合作者展开合作，使用一种名为"Cap分析基因表达"（CAGE）的测序技术，成功地对兰布列羊参考基因组进行了注释，并确定了基因起始的确切位置。

该研究将帮助研究人员更进一步研究基因组的特定区域，观察它们如何影响动物的身体和生理特征（表型）。该研究还可用于帮助识别基因标记，这些标记可通过提高基因组选择的准确性来支持未来动物健康、福利、恢复力、营养和生产力方面的研究。

来源：热带牲畜遗传与健康中心

基因组学显示牛的性别对牛肉嫩度的影响

Embrapa东南畜牧公司进行的一项研究表明，牛肉的嫩度与性别直接相关。像人类一样，牛的遗传信息也来自其父母两个来源，但在某些情况下，公牛或母牛一方的基因表现会更加突出。

研究发现，公牛或母牛DNA的变异会影响犊牛同源基因的表现，具体结果与品种的遗传改良有关。如果犊牛没有继承父母的优良特征（例如肉嫩度），用技术语言表述就是：如果父母的优良性状的等位基因没有体现在后代身上，那么选育就失去了意义。

DNA变异的研究正好展示了这种差异。由此可以预测出某些特征是否会在动物后代中或多或少地表达出来。这项研究有助于我们理解为什么某些特征会出现隔代遗传。该研究结果在澳大利亚国际动物功能基因组学协会（ISAFG）大会上进行了发表。

这些理论使科学家明确在公牛或母牛中选择特定的基因进行育种，有助于定位突变的调节位点。因为只要两个等位基因之间的表达存在差异，就可以在附近发现影响该基因突变的调节位点。

肉嫩度是由公牛还是母牛决定?

该研究对于育种研究和育种地区而言都具有关注的价值。在过去的十年中科学家们已观察到：即使有一个来自母亲的基因副本和一个来自父亲的基因副本，其中只有从父亲（或母亲）继承的副本才会被显现出来。这一现象被称为印记，至今科学家对其起源仍然知之甚少。

印记研究通常集中在疾病上。一种假设是随着进化的进行，生物无法适应二倍体条件（基因组的两个副本），而在两个副本中，一个最终被关闭，只有一个被显现出来。

育种过程选择了生产较嫩肉的动物。如果这种动物基因表达仅来自于母亲的副本，那么使用改良的公牛育种并期望其子代生产这种肉质就不会实现。这种特征只能在他的孙代身上体现出来，因为他们将从母亲那里继承该基因的副本。

之后的研究有必要重新考量该基因将如何“传递”给子孙后代，或者在对选择的期望进行数学建模时也要把这一点考虑其中。此外，有必要对后代所带来的收益进行评估。

DNA 芯片将牛的性别与牛群肉的品质联系起来

该研究使用了一个 SNP 芯片（称为核苷酸变异 -snips，这是 DNA 的基础），其中包含 Ox 基因组的 700 000 多个 snip 标记。该芯片用于基因组选择。将来自芯片信息与产生信使 RNA 的基因组表达区域的信息进行比较是这项表达基因研究的第一步。

在此阶段需确定每个 SNP 的 RNA 副本有多少对应于母亲的遗传等位基因，有多少对应于父亲的遗传等位基因。在这套 snips 中，2 个等位基因之间表达差异大约有 430 个。

目前的研究目标是了解表达方式差异的原因。为此，研究方正在投资进行测试，以识别能够解释等位基因行为的调节突变。

世界上尚未发表的牛遗传数据

目前，尚无已知100%功能的牛基因组，这项研究的目的是对世界上尚未发表的牛转录因子汇编进行详尽的阐述。这项工作对动物遗传学研究领域来说是一项重要的收获。

该汇编是以文献中最常用的人类数据库为基础建立的。该汇编中还载有转录辅因子库，它们是与这些因子相互作用的蛋白质，有助于它们控制基因的表达。

这项研究需要分析1 600个基因，核对文献中所证明的功能和基因序列中存在的结构域。距离完成和发布，还有一个漫长的过程。

来源：巴西农业研究公司

DNA病毒区域新发现有助于推动禽类育种

最新研究显示，禽类DNA病毒区域的新发现可能有助于提高发展中国家小农场的生产力及禽类育种能力。在小农户饲养的鸡群中，疾病可以得到更好的管理，这要归功于对部分源自病毒的鸡的遗传密码的重大发现。在小农户饲养的鸡群中，这项研究对疾病预防的贡献可能超过它们对生产力的影响。研究结果发表在疾病预防《遗传学选择进化》(*Genetics Selection Evolution*)上。

这项研究由罗斯林研究所主导，得到了比尔和梅琳达·盖茨基金会、英国国际发展部和生物技术与生物研究理事会的资金支持。

分析禽类白血病病毒E亚群的基因类型，推动禽类育种

由罗斯林研究所领导的一个国际科学家小组在埃塞俄比亚、尼日利亚和伊拉克的400多只鸡的遗传密码中寻找并分析了禽类白血病病毒E亚群(*ALVE*)基因。

科学家们在首批针对非商业性鸡的研究中发现各种禽类中*ALVE*基因类型的差异很大。科学家们发现了850种以前从未见过的*ALVE*基因类型，是迄今为止已有记录数量的3倍。

新发现有助于帮助理解这些基因组的元素，它们是历史上*ALVE*感染的残留物。这些基因组的病毒片段可能会产生有害分子，阻碍禽类的生长，但它们的存在也可以防止相关的外部病毒引起感染。

这项研究可以为进一步研究每种ALVE基因在对抗外部病毒免疫中的作用铺平道路。还可以帮助促进中低收入国家的禽类育种进程并改善鸡群的健康。

从遗传多样性角度，对不同基因组进行比较研究

在一项相关的研究中，研究人员在鸡的标准参考基因组中发现了2种禽白血病病毒E亚群，该亚群来自现代鸡的一个未驯化的祖先，并不能反映出当今鸡基因中禽白血病病毒E亚群的多样性。例如，根据这项研究，参考数据集中的一种禽白血病病毒E亚群在其他鸡中都未发现。

参考序列对研究群体来说仍然是至关重要的，然而，在进行研究时，应该考虑将其与现代鸡和预驯化鸡的基因组进行比较。

来源：爱丁堡大学

利用基因编辑技术决定牛的性别

加州大学戴维斯分校的科学家已经成功培育出一头名为Cosmo的小公牛，它在胚胎阶段进行了基因组编辑，以便产生更多的雄性后代。这项研究已在美国动物科学学会会议上以海报形式公布。

该项目由美国农业部、加州大学戴维斯分校的加州农业实验站和美国农业部国家食品与农业研究院（USDA-NIFA）国家需求研究生奖学金资助。

首次在牛身上对大序列DNA进行靶向基因敲入。利用CRISPR基因编辑技术，研究人员可以对基因组进行有针对性的切割或插入有用的基因，这被称为基因敲入。在这种情况下，科学家们成功地将引起雄性发育的*SRY*基

因插入牛胚胎。这是第一次在牛身上通过胚胎介导的基因组编辑技术对大序列 DNA 进行靶向基因敲入。

研发动机来自对更高生产效率的需求。生产更多公牛的部分动机是，公牛将饲料转化为增重的效率大约高出母牛 15%。这对环境也有好处，因为生产相同数量的牛肉需要的牛更少。研究人员预期，无论 Cosmo 的后代是否遗传了 Y 染色体，继承了 *SRY* 基因的后代都将长得像雄性。

基因编辑生产的牛及其后代不能进入食品供应。Cosmo 将在一年后达到性成熟，它将被用来研究遗传到 17 号染色体上的 *SRY* 基因是否足以在 XX 胚胎中触发雄性发育路径，并使后代长成雄性。由于美国食品药品监督管理局（FDA）像对待药物一样对动物基因编辑进行严格管理，目前，Cosmo 及其后代未被允许进入食物供应系统。

来源：加州大学戴维斯分校

美国批准首个猪基因改造技术

2020 年 12 月，美国食品和药物管理局（Food and Drug Administration，FDA）首次批准了一项针对猪的基因改造技术（intentional genomic alteration，IGA），这类猪被称之为 GalSafe 猪，该技术产品可作为食品或用于人体治疗。这是 FDA 批准的可用于人类食品消费，且具有潜在治疗用途的第一种动物基因改造技术。

alpha-gal 综合征（alpha-gal syndrome，AGS）患者可能会对红肉（如牛肉、猪肉和羊肉）中的 alpha-gal 糖产生或轻或重的过敏反应。IGA 旨在消除猪细胞表面的 alpha-gal 糖，从而避免 AGS 患者在食用猪肉时可能发生的过敏反应。

alpha-gal 糖被认为是导致异种移植中患者排斥的一个原因。而 GalSafe 猪的组织和器官有可能解决这一免疫排斥问题，因此它将作为一种材料来源，被用于生产不含 alpha-gal 糖的人类医疗产品，如血液稀释药物肝素。

经过一系列的评估，FDA 认定 Galesafe 猪生产的食品对普通大众是安全的，同时这项技术对环境和动物安全不存在不利影响，并认定该技术的微生物食品安全风险较低，认为正在进行的抗菌药物耐药性监测等因素都减轻了这种风险。FDA 的审查程序没有评估特定于 AGS 患者的食品安全性。

值得注意的是，GalSafe 猪还没有被评估为可用于移植或植入人体的异种移植产品，任何关于人类医疗产品的开发必须先向 FDA 提交申请，获得批准后才能将这些产品用于人类医学。

来源：美国食品药品监督管理局

动物繁育技术

荷斯坦奶牛杂交育种新进展

明尼苏达大学（The University of Minnesota）的研究人员在《乳业科学杂志》（*Journal of Dairy Science*）上发表了一项最新研究成果。在这项研究中，他们对荷斯坦奶牛和杂交奶牛的大量样本进行了检测，重点研究了杂交对三代奶牛生育力和产奶量的影响。

现在的乳制品生产商越来越重视降低养牛成本，他们重点考虑从饲料摄入量、重复授精、健康治疗、牛只更新淘汰等方面降低成本。这项精心设计的大型研究证实，战略性杂交可以提高奶牛群的繁殖力，降低授精成本，在牛奶成分没有显著损失的情况下，提高牛奶生产效率。

纯种荷斯坦奶牛生育水平较低。自 1960 年以来，荷斯坦奶牛的生育力大幅下降，给农民带来了严重的经济后果。美国和其他地方的基因选择计划强调了牛奶的生产，但牺牲了其他的育种特性。现在，人们已将注意力转向改善这些被忽视的特性，以提高奶牛的整体健康水平，并改善乳制品生产商的盈利能力。

尽管近年来荷斯坦奶牛育种计划在解决生育率下降的问题上取得了较大的进展，但杂交通常被视为更快提高生育力的方法，这种方法同时也可以消除人们对近亲繁殖的担忧。

杂交荷斯坦奶牛生育力具有显著优势。在这项为期 10 年的研究中，将纯种荷斯坦牛、维京红和蒙彼利亚德 3 个品种的杂交荷斯坦奶牛进行了比较，研究小组发现，在每一个研究的泌乳期，2 个和 3 个品种的杂交奶牛在所有的生育特性上都比纯荷斯坦奶牛表现出显著的优势。

杂交荷斯坦奶牛寿命更长。与纯荷斯坦奶牛相比，杂交奶牛寿命更长。尽管仍需进行进一步的研究，但这项研究确定维京红牛和蒙贝利亚德牛品种与荷斯坦牛杂交具有很强的互补性，非常适合作为高性能奶牛群进行牛奶生产。

来源：美国科学发展协会（AAAS）

英国利用冷冻生殖细胞进行禽类代孕研究

在英国罗斯林研究所（Roslin Institute）的国家禽类研究中心（National Avian Research Facility），科研人员正在开发一种新技术，以减少研究所需的鸡只数量。这种方法将利用冷冻遗传材料实现并保持家禽的遗传多样性，还有助于规避禽类健康风险。该项目已获得英国国家动物替代改良和精简研究中心（NC3Rs）超过 50 万英镑的资助。

研究人员对 3 个不同品种的鸡进行研究，找到优化冷冻生殖细胞的方法，移植多只供体鸡的冷冻生殖干细胞到一只其他品种的代孕母鸡体内，并使之产卵孵化。该研究的品种生物库将有助于减少目前维持全球遗传多样性、防止近交问题所需的研究用鸡的数量，还有助于保存稀有的禽类品种。

该研究对禽类繁殖提出了新的见解和理念，研究人员希望在禽类研究中使用其他物种资源保护中将生殖材料冷冻以用于品种资源保护的方法。该方法减少了研究中使用的动物数量，并保护了该物种的遗传多样性，还可以避免传统育种动物代际间自然发生的随机基因变化，这种变化可能导致劣性的动物品种出现。

来源：爱丁堡大学

牲畜代孕法繁殖成功

最新一项研究表明，绝育的哺乳动物可以通过从供体动物获得干细胞来恢复生育能力。研究成果发表在《美国国家科学院院刊》(*Proceedings of the*

National Academy of Sciences）上，由罗斯林研究所、华盛顿州立大学、马里兰大学和犹他州立大学合作完成。该研究得到美国农业部国家粮食和农业研究所、华盛顿州立大学的“功能基因组学计划”和 Genus plc 的支持。罗斯林研究所获得英国研究与创新生物技术和生物科学研究理事会的战略投资资金，犹他州州立大学获得犹他州农业实验站的资金支持。

在这项研究中，通过基因编辑技术绝育的动物，在植入同类其他品种公畜的精子干细胞后，又恢复了生育能力。雄性猪、山羊和老鼠可以产生只含有供体物种的遗传物质的精子。

研究者认为，这种新的代孕方法可以加速牲畜中理想特性的传播，此外，这种代孕法可以使偏远地区的育种者获得世界其他地区优秀动物的遗传材料，并使山羊等难以使用人工授精的动物获得更精确的育种。此外，它还可以用作生物医学研究和濒危物种保护的工具。

这项技术发挥作用的一个关键是，代孕体必须没有自己的精子，但在其他生理上是正常的。因此，需要通过使用基因编辑技术 CRISPR，使一种被称为 *NANOS2*，对雄性生育至关重要的基因失效，致使被研究的动物胚胎绝育。

出生后不育的动物接受来自雄性供体的干细胞进入它们的睾丸，猪接受来自野猪的细胞，小鼠和山羊接受来自不同小鼠和山羊物种的细胞。然后，通过这种新的代孕技术，这些动物能够产生只含有供体遗传物质的精子。

这项研究还首次表明，通过对 *NANOS2* 基因进行基因组编辑，有可能使牛绝育。

来源：爱丁堡大学

动物育种模型

美国发布一种应用程序提高牛肉生产力

美国中西部的一组研究人员，包括来自美国肉类动物研究中心（USMARC）从事农业研究服务的科学家，正在开发一种基于网络的工具，帮助肉牛生产商为他们的牛群选择最好的品种进行繁育。

该工具名为 iGENDEC，是一个基于互联网的基因决策工具，它将帮助肉牛生产商比较不同品种牛肉的品质。生产商可以根据多重遗传评估系统提供的数据做出育种决策。iGENDEC 将对多个品种的肉牛进行排名，并据此提高牛群的获利能力。早期测试展示了不错的效果。使用者从一个目录中快速浏览，可以看到两头公牛之间的利润差额，每次交配导致的差额至少为 20 美元。鉴于一头牛很容易拥有 50 ～ 100 个后代，这种差异可能导致多头牛之间至少有 1 000 美元的利润差。这些差异将随着畜群更多的性状和更广泛的遗传变异的出现而增加。

iGENDEC 优于其他遗传评估系统的地方在于拥有可定制系统，可以针对单个生产商的环境、市场和生产类型进行选择指数的定制。该工具还可以根据消费者对牛肉的需求，对选择指数进行调整，如改善口味、营养成分，以及降低肉牛养殖业对环境的不利影响。

iGENDEC 将于 2020 年晚些时候进行 Beta 测试，并将于 2021 年向肉牛生产商开放。

来源：美国农业部农业研究服务局

新技术：新模型预测猪的生长发育能力

现有的基因组模型通常无法预测出动物的后代在不同条件下的发育情况。美国艾奥瓦州立大学动物科学系和罗斯林研究所共同领导了一项研究，通过将动物营养学家的生长模型与现有基因组模型相结合，对来自猪的真实数据进行研究分析。该研究将使育种者能够基于相关基因更好地预测动物个体在不同环境条件下的生长发育能力。这项研究获得了美国国家食品和农业研究所50万美元的资金支持。

研究小组将把现有的猪基因结构和功能模型，即基因组模型，与动物营养学家开发并用于饲料配制的生长模型结合起来，采用来自一家商业育种公司的猪采食量、体重和身体组成的相关数据。该模型将利用这些数据进行验证，以证明新模型提高了对猪在不同温度、湿度、饮食和疾病条件下生长发育能力的预测水平。

将生物生长模型纳入猪的基因组评估的理念源于Corteva（原先锋）的科学家将作物生长模型纳入基因组评估，以预测杂交玉米在正常和干旱条件下的表现的相关研究。

来源：爱丁堡大学

欧盟提高牲畜疾病抵御能力研究新进展

一项由欧盟资助的研究对牲畜育种计划如何从抗病力研究中受益进行了调研，提供了4种遗传改良方法。研究结果发表在《遗传学选择进化》（*Genetics Selection Evolution*）上。

这项研究发现，通过基因组和表型分析技术以及基因编辑技术，配合新的统计学方法，可以培育出抗病能力更强的牲畜品种。这些方法和由此产生的数据将有助于优化牲畜对特定病原体的反应，并筛选出对多种疾病具有高遗传适应能力的牲畜品种。

研究人员开发了数学模型，以确定疾病适应力如何影响牲畜的生产力。在这些模型中，他们根据两个特征来定义疾病适应性：抵抗力（动物不受传染病中的有害微生物影响的能力）和耐受力（受感染动物限制感染造成损害的能力）。研究数据来自之前的一项关于“猪繁殖与呼吸综合征”的研究，这是一种对全球养猪业产生重大经济影响的传染病。研究结果表明，在染病条件下基于抗病性和耐受性的选择性育种的经济价值，可比在无病条件下基于生产性状的育种的经济价值高出 3 倍以上。

这项研究提出了抗病育种的 4 种遗传改良方法。第一种方法是记录家畜的感染水平和生产特性，以确定抗性和耐受性如何影响动物对感染的反应。第二种方法是选择已知对抗性和耐受性都有积极影响的基因组，以尽量减少因权衡而产生不利结果的风险。第三种方法是迅速将抗病性或耐受性提升到接近最高水平。第四种方法是基于不同的考虑，将恢复能力定义为动物抵抗感染或从感染中恢复的能力。

来源：欧盟委员会

产业发展

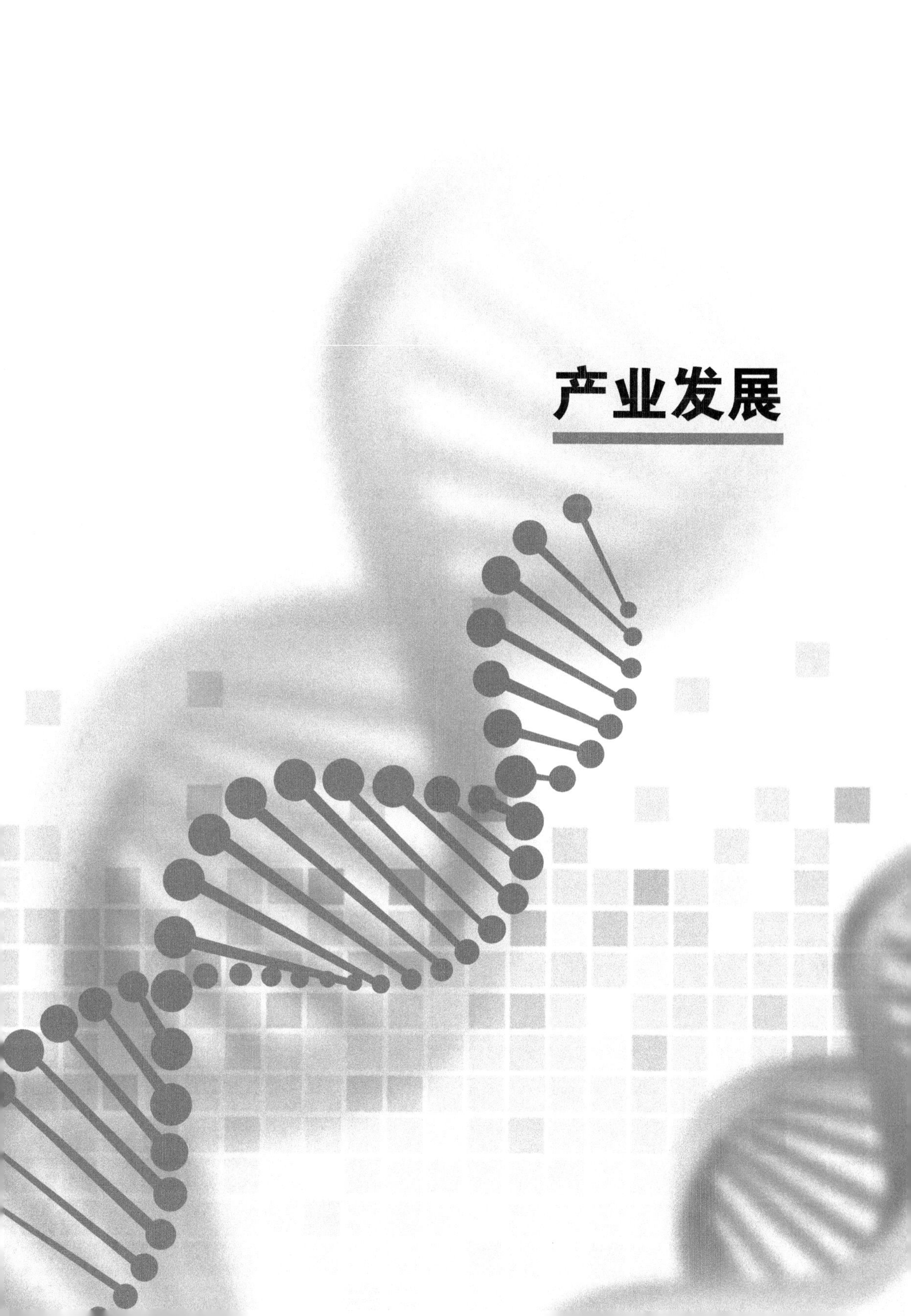

产业发展预测

2020年农业生物技术将成为农业可持续发展的关键

随着人们对转基因食品、气候变化等众多问题的担忧，具有影响力的投资者们愈发将目光投向可持续发展农业。逾半投资者将农业生物科技作为2020年他们最感兴趣的领域。

生物肥料和微生物菌群等农业相关的生物技术，被视为2021年可持续农业最令人兴奋的领域。投资者期望农业生物科技（Ag Biotech）的创新能够在限制农业碳足迹的同时，带来更高的农业产量和营养含量。

Agfunder最近发布的一份报告结果显示，58%的投资者选择农业生物科技作为2020年他们最感兴趣的领域，领先于创新性的食品和农场管理领域。科学家正在尝试利用微生物来促进作物生长，并开发农药替代产品，比如基于生物技术的杀虫剂。

市场和企业积极关注利用新技术提升食品安全

在消费者和政府的压力下，市场对符合道德标准生产的商品需求正在增长，企业对此正在做出积极反应，孕育着突破性的商机。

农业综合企业巨头和初创企业竞相利用新技术提升食品安全。迪尔公司（Deere & Co.）、巴斯夫公司（BASF）和美国农业集团孟山都（Monsanto）的所有者拜耳公司（Bayer）在过去5年中收购了11家农业科技公司，包括一家专注于杀菌剂的分子开发公司Boragen。

生物肥料和生物农药领域受到私人投资者的青睐，亚洲将拥有最多获得投资的机会

私人投资者尤其青睐生物肥料和生物农药领域。全球风险投资公司2020年在该领域的投资达到创纪录的1.94亿美元，几乎是去年的5倍。根据PitchBook Data的数据，2020年10月巴斯夫公司的风险投资部门参与了生物农药初创企业Provivi 8 500万美元的C轮融资，这家初创企业总部位于圣塔莫尼卡（Santa Monica），这是2020年以来这一领域最大的一笔投资。

根据Agfunder的研究，虽然美国和欧洲的初创企业已经获得了大量资本的投资，但是半数以上的投资者认为2021年亚洲将拥有最多的机遇。

一些投资者认为印度是农业创新最令人兴奋的国家。投资者对印度的信心基于以下3个方面：印度拥有广阔的可耕种面积和肥沃的土地，现有农业供应链效率低下，以及次大陆丰富的人才储备。

来源：Agropages

2025年基因编辑市场预测

Market Study Report，LLC（美国一家咨询公司）对基因编辑（Genome Editing）行业中最顶尖的公司进行了市场分析，完成了一份基因编辑市场增长分析预测报告，该报告分析了行业的销售情况、增长趋势以及市场份额等。

全球基因编辑市场现状及前景

根据国际农业生物技术应用管理局（ISAAA）2017年的统计，19个发展中国家转基因作物的种植面积占全球转基因作物总种植面积的53%，种植面积1.006亿公顷，而5个工业发达国家的转基因作物种植面积约为8 920万公顷，占47%。转基因作物的种植面积预计将继续增加。

北美基因编辑市场预计将从2017年的12.334亿美元增长至2025年的41.481亿美元。从2018年到2025年，该市场的复合年增长率预计为17.2%。

市场向好的驱动因素和制约因素

基因编辑市场的增长主要归因于转基因作物产量的增加和作物病害的流行。然而，基因编辑严格的监管框架和限制可能会对市场增长造成负面影响。另一方面，新兴的精准和再生医学市场可能在未来几年对北美基因编辑市场的增长产生积极影响。

从细分市场和用户比例的角度分析走势

按技术市场分类，2017 年，CRISPR 占据了基因编辑市场最大的市场份额，达 53.6%。由于 CRISPR 简单、快速、准确的特性，预计该细分市场也有望在 2025 年占据市场主导地位。此外，预计在 2018—2025 年的预测期内，TALENs 细分市场将实现 17.1% 的显著增长。

按应用分类，北美基因编辑市场可以细分为基因工程、细胞系工程等。在预测期内，细胞系工程部分预计将以 18% 的复合年增长率增长。此外，由于其子领域（如动物基因工程和植物基因工程）发展迅速，预计基因工程领域在未来几年将出现明显的增长。

按最终用户计算，2017 年，生物技术和制药公司占据了基因编辑市场的最大份额，拥有的用户量占总用户量的 61.2%。由于 CRISPR 的优势，各公司加大了对可以治疗多种疾病的药物的研发力度。因此，这部分市场预计会在未来几年走强。

来源：Cuereport

2019年农业科技企业并购年度回顾

根据农业咨询公司 Verdant 发布的消息，与并购交易非常强劲的 2018 年相比，尽管市场条件艰难，2019 年农业技术领域的企业并购的交易量仍保持稳定。

2019 年全球有近 20 项收购公告，涉及数字农场管理、先进育种、微生物学、精密设备、机械化等技术领域。精密设备公司，特别是 Raven 和

CNH，是2019年最活跃的收购方，同时购买了精密硬件和数字软件平台。与此同时，先正达通过收购Cropio集团，成功推进了其农业数字化管理平台在全球的布局，继续将其全球发展重心放在农业技术领域。

在2019年完成的交易中，超过一半的卖家总部位于美国，其中近40%的公司业务涉及数字农场管理。2018—2019年，并购量略有下降，这在很大程度上与数字农场管理领域的业务量减少有关。Verdant公司的分析不包括动物科技领域的交易，但根据Terra Protein Equity咨询公司的报道，2019年有超过10家动物科技公司关闭。

农业科技创新公司的前景看好。在过去的一年里，供应商、设备制造商和零售分销商倾向于投资市场渗透率不断提高的创新公司。科技公司的领域广泛，对大公司来说，识别和选择收购目标具有挑战性。在此背景下，开展合作而非收购的公司数量大幅上升。总的来说，这些合作伙伴关系使战略导向型农业公司受益，他们能够在没有投资风险和开发成本的情况下进行创新。与此同时，科技公司也因借助农业公司的分销渠道接触客户而受益。这种合作关系的一个不利之处在于农业科技公司失去了独立性和技术身份。此外，初创期公司有可能过于依赖其合作伙伴的供应链，从而限制了自身的发展。

2020年农业科技企业并购活动有望增加。Verdant预计，在以下因素的推动下，2020年的并购活动将有所增加。①战略导向型公司对技术创新的持续需求无法在内部得到有效满足；②初创企业面临来自早期投资者期望回报的压力；③减少可能低估科技公司价值的合作伙伴关系，使其受益于规模大的公司。

来源：Verdant咨询公司

非洲生物技术农作物种植国数量在2019年增至6国

2020年11月30日，国际农业生物技术应用服务组织（ISAAA）发布的最新《全球生物技术/转基因作物商业化发展报告》，报告显示非洲生物技术农作物种植国数量在2019年增加了一倍。

非洲被认为是最有可能从生物技术作物的应用中获益的地区，因为该地区存在着极其严重的贫穷和营养不良问题。

2018 年，非洲的生物技术应用国仅为南非、苏丹和埃斯瓦蒂尼，2019 年又有 3 个国家（马拉维、尼日利亚和埃塞俄比亚）决定开始种植生物技术作物。肯尼亚在 2019 年底宣布批准转基因棉花的商业化，并于 2020 年开始此项种植。此外，莫桑比克、尼日尔、加纳、卢旺达和赞比亚在生物技术作物研究、管理和接受方面也取得了进展。

随着 3 个非洲国家的加入，全世界种植生物技术作物的国家从 2018 年的 26 个增加到 2019 年的 29 个。生物技术作物种植面积最大的 5 个国家是美国、巴西、阿根廷、加拿大和印度，主要生物技术作物在这些国家的种植率很高。2019 年，约 19.5 亿人（占世界人口的 26%）接触到生物技术作物。

2019 年，29 个国家共种植了 1.904 亿公顷生物技术作物。在发展中国家，特别是越南、菲律宾和哥伦比亚，生物技术作物种植面积出现了两位数的增长。

来源：ISAAA

2027年转基因作物的市场价值将超过374.6亿美元

2018 年全球转基因作物市场价值为 181.5 亿美元，预计到 2027 年将达到 374.6 亿美元，在预测期（2019—2027 年）内复合年增长率预计将达到 8.7%。转基因作物带来的诸多好处正推动市场快速发展。

在作物种类方面，目前市场上主要的转基因作物种类为大豆、玉米、棉花、油菜等。以转基因作物种植大国加拿大、澳大利亚和印度为例，根据 2019 年美国农业部的数据，加拿大转基因大豆种植面积占总播种面积的 80%，约 60% 的大豆（316 万吨）出口中国；转基因玉米种植面积占加拿大玉米总种植面积的 91%，出口量为 180 万吨，主要出口到爱尔兰、西班牙和英国；加拿大油菜总种植面积中约 95% 为转基因品种，中国、日本和墨西哥是加拿大油菜籽的三大进口国。

在澳大利亚，自从 1996 年第一个转基因棉花品种获得批准和引进以来，转基因棉花已经在澳大利亚商业化种植多年。现在，几乎100%的澳大利亚棉花作物都是转基因品种。2017年，转基因油菜品种的种植面积约占该国油菜总种植面积的24%。

印度是世界上最大的棉花生产国和第三大棉花出口国。在印度，转基因棉花的种植面积占棉花总种植面积的95%以上。

在作物性状方面，市面上的转基因作物的主要性状包括：抗除草剂性状（HT）、抗虫性状（IR）、堆叠性状（ST）等。以抗除草剂性状为例，已在全球大规模商业化种植的转基因抗除草剂作物包括：大豆、棉花、玉米、油菜、苜蓿等。全球转基因市场上的行业巨头均提供转基因抗除草剂作物品种，如巴斯夫公司的抗除草剂玉米、油菜和大豆；拜耳公司的抗除草剂玉米、油菜、大豆和棉花；先锋国际良种公司和先正达公司的抗除草剂玉米、大豆；以及陶氏益农公司的抗除草剂大豆、玉米和棉花等。

市场参与者方面，主要的市场参与者多采取收购兼并的战略进行商业拓展，从而在全球转基因作物市场上获得更多的市场份额。例如，2018年9月，总部位于德国的制药和生命科学公司拜耳公司收购了美国孟山都价值660亿美元的转基因种子业务。目前，全球转基因作物市场的主要参与者为拜耳、巴斯夫、先正达和陶氏益农等公司。

来源：美国农业部，Coherent Market Insights咨询公司

ECOWAS预测：2020年认证种子短缺

根据西非国家经济共同体（ECOWAS）成员国国家种子委员会和萨赫勒地区国家抗旱常设委员会（CILSS）的预测，到2020年种植季节，经认证的玉米、高粱、小米、豇豆和花生种子将出现短缺。

豇豆和花生认证种子严重短缺

短缺最严重的是豇豆种子。预计8个国家（马里、尼日利亚、尼日尔、多哥、科特迪瓦、乍得、佛得角和冈比亚）的豇豆需求量为15万吨。但在2020年的种植季节，可用的认证种子不到2 800吨。

花生是西非萨赫勒地区的一种重要主食，与大约 25 万吨的需求量相比，可用的认证种子不到 5 000 吨。

农业研究、教育和发展伙伴关系（PAIRED）是一个由美国国际开发署资助的项目，致力于向西非的小农户提供优质种子，该项目负责人认为，对于以种植豇豆和花生谋生的农民来说，目前的形势非常严峻。

其他主要作物情况

根据现有数据，2020 年高粱和小米认证种子的产量不到 1 万吨，而需求量约为 10 万吨，大约只能满足 10% 的需求。可供使用的玉米种子约为 7 万吨，而需求量接近 20 万吨。

唯一的亮点是水稻行业，该行业的需求量约为 22.5 万吨，而供应量已超过 35 万吨。

收集的数据来自下列国家：贝宁、马里、尼日尔、尼日利亚、多哥、科特迪瓦、乍得、几内亚、冈比亚、加纳、塞内加尔和佛得角。

来源：CORAF

植物科学研究网络发布2020—2030年十年展望

近日，植物科学研究网络（PSRN）发布了《植物科学 2020—2030 年十年展望：为一个健康和可持续的未来重新设想植物的潜力》(以下简称《十年展望》)，该报告概述了大胆、创新的解决方案，用以指导未来 10 年在植物科学方面的研究和投资，已发表在专业学术期刊 *Plant Direct* 上。

植物科学研究在解决紧迫的全球问题方面具有巨大潜力，这些问题包括气候变化、粮食不足和粮食可持续发展。然而，如果没有对植物科学的持续投资，那么需要创新发现来解决这些紧迫问题的必要研究就会面临风险。

《十年展望》认识到人与科学因素以及需求的交叉，结合战略实施，以推进研究、人员和技术的发展。这一展望通过八个具体的跨学科目标呈现。

植物科学研究的四个主要目标

目标 1：利用植物提高地球抗灾能力；

目标 2：为多样性驱动的可持续植物生产系统开发先进技术；

目标 3：开发 21 世纪植物科学的相关应用，以改善人类的营养、健康和福祉；

目标 4：推出“透明植物”（transparent plant），一个用于识别机制和解决紧迫和棘手问题的互动工具。

植物科学人才培养和发展的两个目标

目标 1：重塑植物科学界的研究文化和环境，培养适应能力强、多样化的科学家；

目标 2：培养参与植物科学的能力和兴趣；

革新性技术开发的两个目标

目标 1：开发新技术以使研究发生革命性变化；

目标 2：加强大数据的管理和建设，并发挥其应用潜力。

研究投资

研究投资具有高回报乘数，因为它们可以带来新技术并提高生产率。此类投资通常是应对大规模的、与科学有关的挑战的最有希望或唯一的途径。

报告指出，尽管《十年展望》为获得新的资金提供了依据，但要获得这些支持，植物科学家需要让公众参与进来，并为所需的资源进行宣传。

报告还指出，要让植物科学在增进人类健康、改善环境质量、促进经济以及促进全球公平和正义方面发挥最大作用，联邦资助机构、私人慈善机构、企业和企业家的广泛参与是必需的。

资助机构可以通过呼吁提出具有前瞻性思维和推测性结果的跨学科研究的建议，来鼓励植物科学发现，解决紧迫的全球问题。这将有助于利用科学创造力，就像风险资本用于投资长期增长的潜力机会一样。

来源：Wiley

美国转基因作物种植比例攀升

美国是世界上最大的生物技术作物种植国，在 1996 年就实现了生物技术作物的商业化。美国农业部经济研究局（USDA-ERS）出版的《美国转基因作物采用率报告》显示，近几年，美国对叠层品种的采用速度加快，转基因作物种植比例和种植面积增速明显。

耐除草剂品种的种植比例大幅攀升（大豆、玉米、棉花）

耐除草剂（HT）作物已经能够耐强效除草剂，为农民提供了有效控制多种杂草的选择。HT 作物自 1996 年开始在美国被采用。HT 大豆的种植面积从 1997 年的 17% 上升到 2001 年的 68%，2014 年达到 94% 的稳定水平。HT 棉花的种植面积从 1997 年的约 10% 扩大到 2001 年的 56%，并在 2019 年达到 95% 的高位。在世纪之交后，HT 玉米的采用率有所增加。目前，美国 90% 的玉米种植面积使用的是转基因的 HT 种子。

抗虫作物品种的种植面积明显扩大（玉米、棉花）

自 1996 年以来，含有土壤细菌苏云金芽孢杆菌基因并能产生杀虫蛋白的抗虫品种已在玉米和棉花种植中出现。转基因玉米的种植面积从 1997 年的 8% 增加到 2000 年的 19%，并在 2019 年又增加到 83% 。转基因棉花种植面积也有所扩大，从 1997 年占美国棉花种植面积的 15% 扩大到 2001 年的 37%。目前，美国 92% 的棉花种植面积使用的是经过基因工程处理的抗虫种子。

转基因玉米品种的采用率上升可能是由于商业上引入了对玉米根虫和玉米螟具有抗性的新品种（2003 年之前，转基因玉米品种仅针对欧洲玉米螟）。转基因玉米品种的采用率可能会随时间波动，这取决于欧洲玉米螟虫和玉米根虫侵扰的严重程度。同样，转基因棉花品种的采用率可能取决于烟草蚜虫、棉铃虫和粉红色棉铃虫的侵袭程度。

来源：美国农业部

欧洲委员会关于第三国知识产权的新报告

欧盟委员会于2020年1月9日发布了有关第三国知识产权保护和执法的新报告。

该报告重点关注了与植物品种相关的知识产权问题。植物育种在提高农业生产率和质量方面发挥着重要作用，同时最大限度地减轻对环境的压力。欧盟希望促进这一领域的投资和研究，包括培育抗旱、抗洪、抗热、耐盐的新作物，从而更好地应对气候变化带来的负面影响。保护植物品种将成为欧盟委员会今后一段时期内的重点任务之一。

多个领域亟须改善和采取行动。自上一份报告发布以来，虽然看到了一些进展，但仍有一些令人关切的问题。全球范围内知识产权侵权行为给欧洲企业造成了数十亿欧元的收入损失，面临着失去数千个工作岗位的危险。

有关植物品种权的保护和执行情况，首次以单独附件的形式专门列出。这说明了在全球面临环境挑战的背景下保护植物品种的重要性，以及其知识产权极易受到侵犯。据报道，欧盟的许多植物品种在第三国未得到有力保护，甚至遭到滥用，给欧盟育种者造成重大经济损失，使他们不再有动力对该领域进一步投资和展开研究。

明确未来工作的重心

未来就品种选择而言，高产量、养分高效利用、抵抗植物病虫害、耐盐抗旱和更适应气候压力等特征，可以使植物新品种育种者提高农业、园艺和林业的生产力和质量，同时最大限度地减少对环境的压力。

就植物品种权的保护和执行而言，欧盟将重点关注育种者所面临的如下几类问题：缺乏有效的植物品种权立法（根据《UPOV公约》1991年文本）；不具备UPOV成员资格；指定的国家机构难以落实有效的行政诉讼；在司法和行政两个层面均缺乏有效的版税征收和执行制度。

注：国际植物新品种保护联盟，简称UPOV（International Union For The Protection of New Varieties of Plants）

来源：Seedworld

APHIS向无纸化农产品进口清关迈进一步

美国农业部（USDA）动植物健康检测局（APHIS）宣布2020年8月将在自动化商业环境（ACE）中采用“APHIS核心信息集”对受APHIS监管的植物、植物产品、动物产品等进口数据进行无纸化管理。

主管机构及工作原理

APHIS和美国海关和边境保护局（CBP）一直共同致力于植物害虫和动物疾病管控。APHIS和许多其他美国政府机构要求进口商向CBP提交有关其进口产品的具体信息，这些信息可以帮助APHIS和CBP对进口商品的准入性做出及时的、有科学依据的决策。ACE将进口程序简化为一个单一的门户系统，该系统旨在以电子方式收集和分发传统上在纸面上收集的导入数据，对其进行整合，并将数据元素添加到信息集中。

服务对象及电子报关产品范围

从2020年8月开始，APHIS将开始使用ACE中的核心信息集。这意味着，使用ACE提交电子报关单的进口商和经纪商必须使用APHIS核心信息集为这些项目提供APHIS所需的进口数据，这些电子报关单包括受APHIS监管的植物、植物产品、动物产品或活体犬类进口。该阶段的报关单不包括其他活体动物进口数据。

与提交纸质条目相比，使用ACE和APHIS核心信息集的优势

该信息集的使用有助于减少货舱和加快放行时间，以免在入境港造成延误。由于所有CBP和APHIS需要的快速清关数据都可以立即从ACE处获得，APHIS核心信息集可以帮助解决诸多问题。

信息集的使用有助于保护美国农场和森林免受有害植物和破坏性外来动物疾病的危害。随着获得更多关于进口农产品的信息，APHIS和CBP可以将资源集中在那些有更高风险引入害虫或疾病的货物上。这意味着，该系统能够更好地阻止非洲猪瘟等疾病的传入，保护美国的农业和经济。

来源：Seedworld

国际贸易

新西兰种子出口近2.4亿新西兰元

由于全球对新西兰种子的强劲需求，2019 年新西兰种子的出口销售额增长至 2.394 亿美元（离岸价格）。根据 StatsNZ 的最新贸易数据，种子出口额比 5 年前的 1.73 亿美元增长了 38%。

新西兰种子最大的出口类别：牧场种子 1.09 亿美元，蔬菜种子 1.08 亿美元，谷物种子 2 300 万美元。新西兰出口的 30 多种不同种子类型的国际牧草种子和蔬菜种子是主要的出口类别。黑麦草和三叶草的销售额为 1.09 亿美元。胡萝卜种子、萝卜和甜菜种子以及其他芸薹属种子贡献了 1.08 亿美元。不含转基因的种子为特殊谷物出口既带来多样化的特点，又增加了出口价值。

新西兰种子竞争优势主要为：高质量的产品、稳定的客户群体、反季节种子生产，以及认证产地。新西兰种子贸易在世界舞台上具有竞争力，可以提供可靠和高质量的供应，为产品的高价出售提供了保障。牢固的客户关系和信任度也是新西兰出口成功的核心。

此外，反季节生产的种子可以填补北半球的春秋播种需求。

新西兰 80% 以上的种子产量都来自坎特伯雷地区，该地区位于阿什伯顿地区及周边地区，拥有 38 000 公顷经过认证的农作物。

新西兰种子价值最高的出口目的地国：荷兰、澳大利亚、美国。主要出口目的地包括欧洲大陆、澳大利亚、美国、中国和日本。它们合在一起占出口总额的 75% 左右。

出口额的增长是一个重要的指标，表明新西兰正在生产高质量的种子，而且这一增长也对应着海外客户需求的增长。

来源：Agropages

有机玉米和有机大豆在美国价格差异明显

2020 年美国有机谷物进口量有所放缓，预计有机大豆的供应量将减少，而在当前收获季节，有机玉米进口量将有所增加，这将给有机玉米价格带来压力。The Jacobsen 商业咨询公司指出，2020 年余下的时间，有机大豆价格与有机玉米价格的相反走势将持续下去。

对进口的需求

美国对有机谷物的需求依赖于进口。在美国，约有 20% 用于饲料的有机玉米是进口的。美国消费的大约 70% 的有机大豆和有机豆粕来自进口。其中大部分来自印度。

有机玉米价格预测

预计在 2019/2020 季度剩余的时间里，有机整粒玉米和有机碎玉米的进口量将增长约 8%，达到 1 620 万蒲式耳。

由于需求预计将保持同比不变，存销比率有望攀升，这将对有机玉米价格产生不利影响。对于 2019/2020 季度，The Jacobsen 预计中西部农场的有机玉米平均价格为 8.3 美元，低于 2018/2019 收获季的 8.60 美元。

有机大豆价格预测

在 2018/2019 季，有机大豆的进口量下降了近 100 000 吨，并被同样数量的有机豆粕所替代。

美国的有机大豆进口量减少，意味着可用的有机大豆数量减少。有机大豆价格已达到多年来的高点，并且随着美国有机大豆进口持续放缓，有机大豆价格可能继续保持上涨。The Jacobsen 预计，由于印度（美国最大的大豆进口国）大豆收成不佳，美国对印度的有机大豆进口量将在 2019/2020 季下降 40% ～ 50%。

预计，有机豆粕的存销比率将在 2019/2020 季大幅下降。此外，美国国内的有机大豆产量下降了约 22%。这使得收获季节有机大豆的平均价格上涨至每蒲式耳 21 美元，饲料级有机大豆的价格甚至达到每蒲式耳 23 美元。

来源：Seedworld

巴西油籽市场创造112亿雷亚尔市值

在 2019—2020 年期间，巴西的油籽价格上涨 112 亿雷亚尔（巴西货币，约为 21 亿美元），比 2018—2019 年（104 亿雷亚尔，约为 19 亿美元）增长 7.5%。

这些数据来自名为 BIP Soja Sementes 的研究，该研究由 Spark Inteligencia Strategica 咨询公司发布。根据对 3 500 个生产者的调查结果显示，油籽作物的耕种面积有所增长，从 3 510 万公顷增加到 3 590 万公顷，增长 2.4%。

Spark 公司的研究指出，在 BIP Soja Sementes 中发现 Intacta RR2 Pro 品种的种植范围扩大，与之前的种子相比，Intacta RR2 Pro 品种具有更多的附加值。该调查发现，Intacta 技术在南部和塞拉多取得了进展，巩固了近 75% 的大豆种植面积，而 2018—2019 年这一比例为 65%。按美元计算，种子市场总额增长了 3%，从 27.63 亿美元增至 28.34 亿美元。

据 Spark 项目协调人、经济学家 Rodrigo Lorenzon 称，BIP Sementes 还发现，研究人员走访的土地中，种植 Intacta 品种的土地占 42%。调查结论显示，农民寻求的种子的主要属性与生产力、对地区的适应性和繁育周期的特征有关。

来源：农化网

USDA：哈萨克斯坦种子进口市场尚存空间

美国农业部于2020年6月5日发布了“哈萨克斯坦种子市场机会”报告，

主要内容如下。

哈萨克斯坦市场概况

哈萨克斯坦是一个有吸引力的种子出口市场，农业用地面积世界排名第六，也是世界十大小麦出口国之一。

为了实现经济多元化，摆脱对石油和其他采掘业的依赖，哈萨克斯坦正在积极推进农业部门的现代化。工作的主要重点是扩大畜牧业，特别是牛肉生产。哈萨克斯坦希望从跨国肉类加工商那里获得大量国际投资，这将推动对动物饲料的需求。

鉴于畜牧项目仍处于发展初期，哈萨克斯坦尚未出现大宗饲料商品（如饲用玉米）的需求。然而，报告预计，随着牧场主开始扩大牧场的养殖规模，为满足国内的饲料需求，未来几年对高质量杂交种子的种植需求将逐渐增长。

当前的种子贸易流通情况

哈萨克斯坦的进口市场由俄罗斯主导，进口的大部分小麦和其他谷物种子都来自俄罗斯。美国对哈萨克斯坦的种子出口量仍较低。

按进口额计算，哈萨克斯坦在 2019 年进口的蔬菜种子超过其他类别的种子。法国是哈萨克斯坦蔬菜种子的最大供应国，其次是美国。虽然俄罗斯和其他地区的玉米种子供应量较高，但美国也是哈萨克斯坦玉米种子的主要供应国之一。

种子补贴政策

许多哈萨克斯坦农民依靠政府补贴的种子维持耕种。哈萨克斯坦农业部 2020 年 3 月 30 日发布的第 107 号命令描述了种子、矿物肥料、多年生植物和杀虫剂的补贴分配方案。地方政府与农业部协调，每年批准种子补贴数额。

对种子培育者的补贴一般是种子价格的 70%，对农民的补贴是价格的 50%。然而，这些补贴并不覆盖全部种植面积。在大多数情况下，补贴仅适用于覆盖总种植面积的 20% ～ 40% 所需的种子。

2020年，进口种子首次有资格获得补贴。这将有助于美国出口商进入更大的哈萨克斯坦市场。

来源：美国农业部

甜玉米种子市场即将强势复苏

甜玉米种子需求预计将呈指数级增长，预计在2019—2029年预测期内将创造2.16亿绝对美元（没有扣除通货膨胀）的商机。不断增长的蔬菜种子市场将推动全球甜玉米种子市场的发展。全球甜玉米种子市场约占蔬菜种子市场的6%，在预测期内，其增长率将比蔬菜种子市场高出5.6%。

一、推动需求增长的原因

城市化进程的稳步推进和有组织零售的日益普及，导致了消费者对快餐食品的需求不断增加。这类产品的制造商已积极响应这一消费趋势，推出各种即食食品品牌，以填充零售货架。这就增加了对包括甜玉米在内的几种速溶食品成分的需求，并进一步推动了价值链中对甜玉米种子的需求。

二、全球甜玉米种子市场的整体预期

（1）杂交认证甜玉米种子部分占市场份额的60%以上，预计在2019—2029年预测期间，甜玉米种子市场的增长曲线将不断上升。这可以归因于甜玉米含糖品种种植量的增加。

（2）黄甜玉米种子类别是全球甜玉米种子市场的主要贡献者，由于过去5年，美国、欧洲和亚洲国家对黄甜玉米的消费量增加，预计在2019—2029年预测期间将增长1.6倍。

（3）北美和欧洲甜玉米种子市场合计占有一半以上的市场份额。然而，南亚和东亚的年增长率预计将高于全球平均水平。

（4）南亚甜玉米种子市场按价值计算占有10%以上的市场份额，预计在2019—2029年预测期间将增长300个基点。

（5）市场参与者的战略扩张指向进一步的整合。

三、种业巨头的积极响应和市场扩张

先正达公司是种业市场领导者之一，计划直接从公司的育种和生产设施向不同地区出口甜玉米种子。该公司最近获得了欧洲的出口许可，并在2018年获得了欧洲安全管理局的资金扶植。此外，该公司还获得了向巴西、中国和澳大利亚等15个国家出口新产品的批准，这将有助于提高其在全球甜玉米种子市场的份额。

Vilmorin & Cie一直专注于通过收购进行扩张，该公司于2018年8月从丹麦收购了AdvanSeed公司。AdvanSeed专注于包括甜玉米种子在内的蔬菜种子的培育、生产和销售，这帮助该公司在全球甜玉米种子市场上增加了市场份额。

来源：Seedworld

亚太种子贸易复苏之路漫漫

COVID-19大流行严重影响了亚太地区的种子贸易。亚太种子协会（The Asia PacificSeed Association，APSA）和世界蔬菜中心（WorldVeg）分别于2020年4月、5月和8月对APSA成员和在该地区开展业务的种子公司进行了一项在线调查。

大流行初期的严格封锁对粮食和农业产生了强烈影响，但因经济衰退带来的更为广泛的影响变得愈加突出，许多国家随后放宽了措施。然而，随着2020年最后一个季度的临近，亚洲及太平洋地区的国际运输仍然受到严重限制，这尤其影响到种子的运输，种子运输依赖于一个高效的生产、检验和向分销商以及最终向农民交付的系统，而农民的播种期更是受到季节和资源供应情况的限制。这一系统的破坏可能对粮食和营养安全造成严重后果。这次调查的目的是评估COVID-19对亚太地区种子部门的影响，监测变化和趋势，预测突出的挑战，并据此制定今后的应对策略。

种子需求受到不利影响，但复苏仍在继续。在亚太地区的受访者中，73%受访者称疫情对蔬菜种子的需求有负面影响，61%的受访者称对田间作物种子的需求有负面影响，58% 的受访者称对花卉和观赏植物种子的需求有负面影响，47% 的受访者提及了对其他作物种子的负面影响。因此，播种的需求继续受到负面影响。8 月的受访情况显示，花卉 / 观赏植物、大田作物和其他作物种子的负面消息正在逐渐减少，但有 73% 受访者称蔬菜种子需求受到负面影响，高于 5 月的受访数据（65%）。

商业运作仍然面临挑战。4 月调查报告显示，最初的禁售对种子公司的业务运营产生了严重的负面影响。5 月情况有所改善，出现中度到重度负面影响的公司有所减少。然而，5—8 月情况几乎没有改善，91% 的受访者报告了 8 月国际种子运输困难，数据与 5 月持平。此外，62% 的受访者继续报告国内种子运输方面的困难，64% 表示在获得种子工厂的投入方面遇到困难，75% 在获取种子生产和加工劳动力方面遇到困难。

好消息是，在获得融资方面，36% 受访者在 8 月报告了融资问题，情况较 5 月（54%）和 4 月（67%）有明显改善。在研究和开发方面，71% 的受访者在 8 月报告遇到了此类困难，情况好于 5 月（80%）。

种子出口没有明显改善。国际种子运输比国内种子运输受影响更大。8 月，来自亚太地区的 36% 的受访者表示出口订单减少，另外 36% 受访者预计这将成为不可忽视的一个问题。种子出口的主要制约因素是缺少有效的货运解决方案（58% 受访者），原因是亚太地区的国际航空运输仍然非常有限，成本增加且运输品质缺乏保障。53% 受访者称，无法及时将相关文件送达目的地的快递服务仍然是运输服务的主要瓶颈。超过 1/4 的受访者报告的其他重要制约因素包括：种子装运准备困难（29% 受访者）、难以获得进口许可证（34%）、在入境口岸通关困难（39%）、种子在目的国的分销困难（31%）以及其他问题（27%）。

采取缓解举措的必要性。许多受访者表示，他们正在调整运营以减轻不利影响，如缩减运营规模、提供灵活的工作安排、谈判合同，并预先储备种子。但是，如果危机在 2021 年及以后持续存在，将如何长期应对这一严峻挑战，商业团体仍存在广泛的担忧。

联合国粮食及农业组织（FAO）于 6 月发布了一份报告，重点介绍了南亚和东南亚 11 个国家（孟加拉国、中国、印度、印度尼西亚、马来西亚、巴基斯坦、菲律宾、新加坡、斯里兰卡、泰国和越南）的食品供应链趋势，突出显示了这些国家中大多数国家的食品价格上涨，这与供应链中断（包括种子供应中断）有关。

展望未来，公私伙伴关系和跨部门合作将对加强农产品和投入品供应链至关重要，特别是通过更有效的平台和标准化体系。FAO 新的 COVID-19 应对和恢复方案强调了这一点，该方案要求在几个关键优先领域提供 12 亿美元的初始投资。其中包括改进决策数据，加强贸易和食品安全标准，增强小农恢复能力，以及启动粮食系统转型。

来源：世界蔬菜中心

美墨加协议签订——对美国种子产业的利好消息

据美国种子贸易协会（ASTA）称，美国两党共同通过的美墨加协议（USMCA）对于美国种子产业来说是个好消息。虽然协议条款在协议签署后不会立即生效，但它们为美国、墨西哥和加拿大之间的合作提供了一个重要的监管框架和一系列承诺。

墨西哥和加拿大是美国种子最大的两个市场，2018 年出口总额达 6.3 亿美元。USMCA 的通过为确保这两个关键贸易伙伴继续开放市场提供了非常必要的确定性以及一些关键的改革。

USMCA 将在许多具体方面使美国种子产业受益。该协议提供了加强知识产权的关键条款，包括要求墨西哥采用 UPOV 91 的要求。该协议还认同了植物育种创新的重要性，包括更新的方法，如基因编辑，还包括加强围绕农业生物技术贸易问题的信息交流与合作。

此外，USMCA 强调了采取透明和基于科学的方法来实施植物检疫措施的必要性，并包括了解决国家间争端的新磋商程序，以保持贸易活动的顺利进行并减少非关税壁垒。全球范围内的种子研究、开发和繁殖运动对于向美国农民和消费者引进新的高效品种至关重要。许多美国种子公司把种子库存送到墨西哥等国家进行研究和繁殖，然后再运回美国进行进一步加工和包装，供美国农民或园丁购买和种植。

来源：Seedworld

USMCA生效为三国种子贸易带来确定性和关键性改革

2020年7月1日，美国－墨西哥－加拿大协定（U.S.-Mexico-Canada Agreement，USMCA）正式生效，促使美国与其最大的两个种子出口国家之间的贸易知识产权、植物检疫和生物技术政策更加完善。

美国种子贸易协会（ASTA）总裁兼首席执行官 Andrew LaVigne 认为，协定的生效对美国种子行业意义重大，这项关键性协议为进一步加强美国与其南北邻国之间的贸易带来了急需的确定性和关键性改革。

2019年，美国出口到墨西哥和加拿大的种子总额为5.7亿美元。在明确的、基于科学的政策指导下，持续的贸易对美国农民的生计和整个美国经济起到了至关重要的作用。

USCMA 在知识产权、植物检疫措施和生物技术政策等领域进行了关键性改革。该协议要求墨西哥加入国际植物新品种保护公约（《UPOV 公约》1991年文本），加拿大和美国已经加入了该公约。它特别提到了农业生物技术，包括建立一个新的工作组，以加强贸易政策方面的信息交流与合作，交流与合作的主题包括像基因编辑这样的较新的育种方法。该协议强调了对植物检疫措施采取透明和基于科学的方法的必要性，并建立了一个新的协商程序来解决国家间的争端，以保持贸易流动，减少非关税壁垒。

ASTA 对政府为推动这项协议的完成所作的努力表示赞赏，并表示，随着 USMCA 进入实施阶段，ASTA 将密切关注这些新政策的展开，与政府合作伙伴密切合作。

来源：美国种子贸易协会

先正达公司公布2020年半年业绩

根据先正达公司2020年7月22日发布的2020年上半年业绩报告，先正达上半年销售额为71亿美元，比2019年同期增长5%，按固定汇率（Constant Exchange Rates，CER）计算增长10%。55亿美元的农作物保护产品销售额较2019年增长了6%，按固定汇率计算增长了12%，在所有市场和领域都表现强劲，尤其是在巴西。种子销售额为 16 亿美元，比 2019 年增长了 2%，按固定汇率计算增长了 4%。上半年净利润为 8.55 亿美元（2019 年上半年为 7.98 亿美元）。

农作物保护产品销售业绩

欧洲、非洲和中东的销售额（CER）比 2019 年增长了 5%。尽管欧洲西北部天气干燥且存在 COVID-19 疫情，但南欧的销售表现依然稳健。

北美上半年的销售额增长了 4%（CER）。然而，第二季度的销售额受到寒冷天气和过度降雨的影响有所回落。

拉丁美洲，2019 年以来的积极势头在 2020 年上半年有所持续，由于来自虫害的压力，农作物保护产品在巴西和阿根廷的销量很大。但增长部分因为汇率波动的影响有所抵消，特别是对巴西货币。

亚太地区，销售额增长了 12%（CER），其中澳大利亚的需求由于天气条件改善而强劲增长，印度的销售额从 2019 年开始继续保持增长势头。但增长的销售额也因为汇率的波动受到影响。

中国显示出持续的积极增长势头，销售额增长了 18%（CER）。

种子区域销售业绩

欧洲、非洲和中东的种子销售额比 2019 年高出 2%（CER）。公布的销售数据反映出美元汇率走弱。

北美种子销售额较 2019 年增长了 12%，玉米和大豆种子的销量增幅较大。

拉丁美洲随着种子销量的增加，销售额增长了 25%（CER）。但疲软的巴西货币使增长的销售数字有所减少。

亚太地区（包括中国）受印度尼西亚和其他主要市场持续强劲增长的推动，与 2019 年相比，销售额增长了 22%（CER）。同其他地区一样，该地区的销售额也受到了汇率波动的不利影响。

来源：Agropages

科迪华公布2020年上半年种子销售业绩

美国科迪华公司（Corteva, Inc.）于2020年8月上旬公布了截至2020年6月30日的上半年财务业绩。2020年上半年该公司净销售额为91亿美元，较上年增长2%，主要原因是销量和价格的提高。有机销售额（除去汇率变动、并购及资产剥离等因素不计入在内的销售额）增长了5%。

在种子部分，2020年上半年，种子的净销售额约为60亿美元，高于2019年同期（约57亿美元）。增长的原因是销量增长了6%，当地价格上涨了2%，部分抵消了货币贬值2%的影响。增长最为明显的是北美地区的玉米种子和大豆种子。

2020年上半年，种子息税折旧及摊销前利润（EBITDA）约为15亿美元，较2019年约14亿美元的预估业务EBITDA增长13%。产量收益、有利的组合以及持续的成本协同效应和生产力的提升，被较高的佣金、货币的不利影响、较高的特许权使用费以及较低的生产收益导致的较高的投入成本部分抵消。

来源：科迪华公司

先正达第三季度保持强劲增长

2020年10月30日，先正达集团有限公司公布了该集团自第三季度业绩。该季度销售额增加到54亿美元，比2019年同期增长5%，按固定汇率计算相当于15%的增长率。第三季税息折旧及摊销前利润（EBITDA）增长1%，至7.33亿美元。

尽管货币逆势强劲，但先正达集团前九个月的销售额仍达到174亿美元，与2019年同期相比增长3%（以固定汇率计算为9%）。2020年前9个月的EBITDA为29.5亿美元，同比增长5%。集团的收入协同效应超过2亿美元，加上运营协同效应，产生了超过1亿美元的EBITDA贡献。

该公司还取得了持续的战略进展，包括10月初先正达农作物保护公司（Syngenta Crop Protection）收购了行业领先的生物制品公司Valagro。此次收购巩固了先正达集团在快速增长的生物制品市场的地位。

尽管全球宏观经济环境仍然充满挑战，先正达集团在管理和缓解COVID-19的不利影响方面做了大量工作，特别体现在增加库存以确保商品的持续供应，以及应对货币波动。

来源：先正达公司

种质资源保护

斯瓦尔巴群岛全球种质库开始跨时一个世纪的种子实验

5个基因库正在陆续提交用于斯瓦尔巴特群岛全球种子库（Svalbard Global Seed Vaculture Vault）为期100年实验的种子库存。该实验将帮助研究人员掌握更精确的关于种子再生的知识，并为后代提供关于种子生存能力的有价值的信息。

小麦、大麦、豌豆、生菜、卷心菜和其他9种农作物的种子将被放入斯瓦尔巴群岛 -18℃的种子库中。同样的种子样本也将储存在Gatersleben IPK的冷冻罐中，随后科研人员将对种子的质量进行为期100年的比对工作。

许多重要粮食作物保存良好的种子可以存活很长时间。但在最佳贮藏条件下，种子能维持多长时间的发芽能力还没有得到充分的探索。据推测，许多物种的种子可以存活几个世纪。

基因库定期检测其收藏的种子，以便能够及时再生种子，保存种子中包含的遗传资源，使之可用于研究和植物育种。增加关于种子可以保持多长时间的知识对基因库和斯瓦尔巴群岛全球种质库的管理意义重大。

现在放入种子库的第一批试验种子将在2030年进行测试，然后同样的种子样本将每10年进行一次测试，直到2120年。该项目的结果和报告将在整个项目期间发布，将为常规基因库中的种子保存和种子库中的种子长期保存积累管理惯例和指南方面的知识。

来源：Seedworld

8个基因库逾万份种子10月入库斯瓦尔巴群岛全球种质库

NordGen 的工作人员将来自 8 个不同基因库的 15 000 份种子样本存入斯瓦尔巴群岛（Svalbard）的全球种质库，以便长期保存。

本次入库的种子来自韩国、肯尼亚、赞比亚、科特迪瓦、尼日利亚、波兰的基因库，以及泰国的两个基因库。大部分种子样本来自韩国国家农业生物多样性中心的 RDA 基因库，这是该基因库第二次在斯瓦尔巴群岛全球种质库存入种子。RDA 基因库从 18 种不同的作物选取了 10 000 个种子样本，它们都起源于韩国，包括豆类、大麦、大米、红豆和芸豆。

韩国 RDA 基因库收集了 1 599 个物种的 237 000 份样本。其中大约 75% 是粮食作物。此次在斯瓦尔巴群岛全球种质库入库的种子样本，近 10% 的入库品种将被复制保存。

韩方负责人指出，如何将濒临灭绝的遗传资源传递给后代变得越来越重要，从这个意义上说，将韩国遗传资源存放在斯瓦尔巴群岛全球种质库进行复制保护具有重要意义。

来源：Seedworld

国际合作促进种质资源保存

《自然植物》（*Nature Plants*）杂志上发表了一篇题为《保护从叙利亚到斯瓦尔巴群岛的全球种质遗产》的报道，介绍了国际种质救援工作是如何完成的。该报告凸显了种质资源保存国际合作的重要性。

2008 年，斯瓦尔巴全球种质库首次开放时，叙利亚的国际干旱地区农业研究中心（ICARDA）是首批存放其种子安全副本的基因库之一。ICARDA 种质库的种质资源具有丰富的生物多样性，作物种类包括大麦、硬粒小麦、蚕豆、鹰嘴豆和扁豆。

2011 年叙利亚爆发战争，ICARDA 种质库岌岌可危。为保存其种质资源，ICARDA 加紧工作，从 2012 年到 2014 年，筹备并运送了 14 363 份种质材料到 Svalbard 种子库。战前，ICARDA 种质库中所有藏种的约 83% 已存放在 Svalbard 种质库中，另有 13 939 份材料存放在土耳其国家遗传库中。

黎巴嫩和摩洛哥的 ICARDA 工作人员也对当地的种质资源进行备份，以便在发生灾难时可以对其进行保存和重新利用。

2015 年，ICARDA 的工作人员从 Svalbard 种子库首次提取了其备份的种质资源，开始种质库重建工作。2016 年以来，ICARDA 每年都会再生出 30 000 多个样本，供研究人员和育种者使用。ICARDA 现在正在重建其全部藏品，并继续向需求者提供种子。

来源：ISAAA

挪威斯瓦尔巴全球种质库举行重要种子储备活动

在挪威朗伊尔城“斯瓦尔巴全球种质库”（Svalbard Global Seed Vault, SGSV）举行了一次重要的种子储备活动，来自各大洲的 35 个基因库在本次活动中储备了种子。挪威总理兼联合国可持续发展目标倡导者小组（UN group of SDG Advocates）联合组长埃尔娜·索尔贝格（Erna Solberg）主持了此次活动。

“斯瓦尔巴全球种质库”是世界上最大的种子样本储备库，种子样本来自世界各地的基因库。本次所储备的种子来自于 35 个国际和区域基因库，以及各个国家机构和民间社会组织，由此，在“斯瓦尔巴全球种质库”储备的种子样本总数已超过 100 万份，而储备机构总数则达到 85 个。

本次纳入储备库的有几百种植物品种的种子，其中包括常见的主要作物和大量不同种类的蔬菜、药草及其不常用的野生近缘种。

就一次性贡献种子的机构数量而言，本次储备活动是自 2008 年“全球种质库”开放以来规模最大的一次。这也是自 2019 年种质库完成技术升级后的首次大型储备活动。对种子库的升级包括建造一个新的防水通道以及其他安全措施，为将来应对更温暖、更湿润的气候做准备。

此次储备活动反映了全球对气候变化、生物多样性丧失影响粮食生产和饥饿现象的担忧，以及国际社会正在共同做出的努力。随着气候变化和生物多样性丧失的速度加快，拯救濒危粮食作物的工作变得更加紧迫，这次种子储备活动规模之大，反映了全球对气候变化和生物多样性丧失影响粮食生产的担忧，但更重要的是，它表明了越来越多的来自国际社会的承诺，社会各界日益致力于对作物的多样性保护，这对帮助农民适应不断变化的种植条件至关重要。

2020 年是达成联合国可持续发展目标——零饥饿指标的最后期限，本次储备活动的举办非常及时。达成零饥饿的目标需要国际社会的共同关注，并联手捍卫物种的多样性。

参加本次种子储备的国家 / 机构，包括首次储备种子的切诺基族（Cherokee Nation）（美国）、海法大学（The University of Haifa）（以色列）、国家农业研究院（Institut National de la Recherche Agronomique）（摩洛哥）、朱利叶斯·库恩研究所（Julius Kühn Institute）（德国）、黎巴嫩农业研究院（Lebanese Agricultural Research Institute）、贝克杜达国家植物园（Baekdudaegan National Arboretum）（韩国）、苏恰瓦“米哈伊·克里斯蒂尔”基因库（Suceava Genebank‘Mihai Cristea’）（罗马尼亚）。

来源：Seedworld

CIMMYT种质库助力保护全球生物多样性遗传资源

种子安全是实现粮食安全的第一步。国际玉米和小麦改良中心（CIMMYT）在其位于墨西哥的基因库保存了 2.8 万个独特的玉米种子样本和 15 万个小麦种子样本。

斯瓦尔巴群岛的全球种子库于 2008 年正式开放。至今，CIMMYT 已在斯瓦尔巴群岛复制和存放了 5 000 万颗种子，其中包括 17 万个玉米和小麦种子样本。

2020 年，CIMMYT 从墨西哥 CIMMYT 的基因库向北极的全球种子库发送了 24 箱种子，其中包括 332 个玉米种子样本和 15 231 个小麦种子样本。这段旅程跨域了 8 000 多千米。

CIMMYT 内部数字显示，全世界种植的大约 30% 的玉米和超过 50% 的小麦可以追溯到 CIMMYT 种质库。

设立基因库的目的不仅是保存种子，更是利用它的生物多样性来满足目前以及未来的需要。保存在全球基因库中的种子样本，是确保农业系统可持续、健康发展的关键。

来源：CIMMYT

COVID-19疫情应对

COVID-19疫情对欧盟种子行业的影响（一）

新冠肺炎疫情在欧洲迅速蔓延，给种子行业带来了很大的影响。2020 年 3 月 23 日，《欧洲种子》（*European Seed*）就当前种子行业的境遇对西班牙种子协会和意大利种子协会的负责人进行了采访，访谈摘要如下。

一、西班牙

西班牙政府要求本国种企维持正常运行。西班牙政府在 2 周前宣布该国进入紧急状态，随后西班牙农业部发布了关于紧急状态的说明和准则，明确声明：在紧急状态下，必须维持整个农业食品供应链的正常运行，涉及种植业、畜牧业、水产养殖和渔业活动，同时也必须维持那些为其提供经营必要投入（如化肥、植物检疫产品、种子、兽医产品、饲料、盐、冰，以及相关设备等）的商业团体的活动。

疫情对西班牙种子交易的干扰主要来自未来可能出现的种子进口问题。预计在接下来的几周，对于主要农作物，农民的种子供应不会立即受到干扰或短缺的威胁。到目前为止，除了物流方面的一些（可以理解的）轻微延误外，从其他欧盟国家（主要是法国和荷兰）到西班牙的种子正常运输，没有受到干扰。

但如果目前所处的特殊情况再持续几周，特别是如果边境出现进口限制，情况将会变得不利。西班牙依赖一些关键作物种子的进口，特别是蔬菜种子。

二、意大利

意大利政府要求本国种企在确保春播的前提下适当减少生产活动。意大利种子公司迅速采纳了意大利政府的规定：种子公司将生产活动减少到不能推迟的基本作业，将工人在工厂的人数限制在最低限度，确保春播（玉米、各种蔬菜等）的生产。

意大利种企目前面临的主要问题来自交通和种子的支持服务。意大利政府近期规定，种子类货物可以在本国境内不受限制地流通。但随着疫情的大规模爆发，愿意前往国内其他地区和其他国家的司机人数急剧减少，运输速度下降。其他欧盟和非欧盟国家（奥地利、斯洛文尼亚、克罗地亚、罗马尼亚、保加利亚、波兰、乌克兰和俄罗斯等）对交通实施了限制，导致出现了严重的流通问题。

处理种子认证和植物检疫控制的机构也在一个精简的制度下工作，现役工作人员较少，导致实验室分析结论的出具严重延误，证书的颁发也面临困难。种子公司呼吁意大利农业部考虑批准种子公司进行自我认证和自我取样。

来源：Seedworld

COVID-19疫情对欧盟种子行业的影响（二）

2020 年 3 月 25 日和 26 日，《欧洲种子》（*European Seed*）就当前种子行业的境遇分别对荷兰种子协会和瑞典种子协会的负责人进行了采访，访谈摘要如下。

一、荷兰

目前，行业最大的挑战来自境内和跨境的交通和运输。蔬菜和田间作物种子面临的挑战更多与运输和工人有关。公路运输由于边境封闭问题面临挑战。截至 4 月中旬，数百辆卡车仅用于运送种用马铃薯，蔬菜幼苗则正被安排运往欧洲各地。欧盟指出，诸如植物繁殖材料等农业投入品的生产和运输已列入应适用所谓的边境“绿色通道”程序的基本商品和服务清单。其中也包括必要劳动力的跨境交通（季节性工人在园艺生产以及种子和种植材料的生产领域都很重要）。从生产地将原始种子运到仓库，还要为世界各地的客户提供产品，空运的挑战正在迅速增加。

由于观赏植物的订单被大规模取消，观赏植物的业务机构损失惨重。荷兰的种子行业与观赏植物相关的业务机构遭受重创。著名的花卉拍卖会目前正在销毁其约 80% 的产品，原因是欧洲各地的超市和园艺中心等零售连锁店都取消了花坛植物的订单，导致商品无法出售，对种植行业产生了直接影响。

预计未来某些农作物品种的销量将有所下滑，市场前景并不明朗。在某些农作物品种中，尤其是需要保持新鲜度的出口产品，预计将因目前播种面积的减少，而销量下滑。COVID-19 是否会导致缺乏弹性的种植者被市场淘汰，进而对客户群体产生影响，还有待观察。

二、瑞典

到目前为止，由于疫情对公众的影响有限，瑞典种子行业的运营并未明显受阻。这也意味着种子行业已经按照全国各地的计划，准备并交付了即将到来的春季播种所需的种子。此外，尽管部分边境关闭，瑞典仍然从丹麦、荷兰和德国进口和运输了主要用于种植的马铃薯块茎，运营工作开展顺利。

可能产生的影响来自农业经营体紧缩的资金投入和可能出现的劳动力短缺。考虑到 2018 年的严重干旱和低产量，许多农业经营体已经财政紧张，将很难承受预期增加的（投入产品的）成本。另一个会对蔬菜和水果 / 浆果生产者产生很大影响的问题是收获季的劳动力供应。农业公司的劳动力通常来自波兰、波罗的海国家或东南亚。由于许多国家实行旅行限制和边境封闭，在收获季节很可能没有足够的劳动力。

来源：European Seed

COVID-19疫情对欧盟种子行业的影响（三）

2020 年 4 月 2 日和 4 月 4 日，《欧洲种子》（*European Seed*）就当前种子

行业的境遇，分别对葡萄牙种子协会和爱尔兰种子技术有限公司 SeedTech 的负责人进行了采访，主要内容如下。

一、葡萄牙

种子行业遇到的最大的问题来自跨境物流运输

在种子供应方面遇到的主要问题与物流有关，从法国或意大利等国家 / 地区出境的种子运输变得越来越困难。由于来自欧洲或欧洲以外其他国家的所有陆路运输必须穿越西班牙才能到达葡萄牙，而很多公司正面临人员短缺，找到运输公司来完成此类行程变得越来越困难。

其他问题还包括：公共部门的服务出现延迟，以及对即将出现的经济危机的担忧

到目前为止，公共服务出现了一些延迟，例如出口证书、内部种子批次认证和分析。种业公司还表达了对不久的将来必然会出现的经济危机的忧虑。

二、爱尔兰

农业及其支持产业已被列为疫情期间的重要服务之一，种子的加工和交付正常进行

在 3 月 27 日爱尔兰政府宣布“封锁”全国之前，大部分耕种种子已完成加工并被交付到农场。农业及其支持产业被政府列为重要服务之一，因此种子批发商和零售商可以继续加工种子并将其交付给农民。

疫情期间，种子机构通过远程工作模式完成会议沟通、田间诊断、订单交付等工作

在国内实行的封锁隔离期间，种子机构的很多工作通过远程模式完成。大量的在线会议可以通过宽带和智能手机实现。田间农艺师无需和农民会面就可以提供田间会诊，农艺师还可以通过电子邮件发送种植建议，并保留记录以备将来参考。此外，在商业交易中，客户提前通过打电话下零售订单，销售人员将货品放置在拖车中，农民在店外提货，完成订单的交付。

来源：European Seed

COVID-19疫情导致亚太种子贸易陷入困境

近几年，种子贸易高度国际化，在亚洲和太平洋地区的大量种子运输均需要跨越国界。2018 年，亚太地区播种种子的贸易额超过 41 亿美元，约占全球种子贸易额的 14%。种子贸易对亚太地区的粮食和营养安全，以及经济繁荣至关重要。然而，由于该地区各国政府为遏制 COVID-19 大流行实施了边境封锁，运输受到了极大的影响。尽管此后许多国家的政府将种子和其他农业投入品列为“必需品”，免除了对它们的封锁限制，但种子公司仍面临着供应链方面的一系列挑战。

亚太种子协会（APSA）和世界蔬菜中心（World Vegetable Center）共同对亚太地区的种子公司进行了调查，接受调查的 68 位经理来自 48 家种子公司。调查发现最近几周实施的对人员和货物流动的严格限制对亚太地区的种子产业产生了明显的负面影响，其中国际种子贸易受到的影响尤为严重。

一、蔬菜、大田、花卉等种子业务都受到明显的负面影响

种业公司遇到的困难主要体现在投融资以及生产和加工所需劳动力的获取上。从事蔬菜种子贸易活动的 62 名受访者中，有 58 人（93%）表示蔬菜种子的市场需求受到了负面影响，其中 26% 的受访者表示蔬菜种子的市场需求受到了强烈的负面影响；从事花卉和大田作物贸易的受访者约 75% 的表示种子需求受到负面影响，38% 的受访者表示花卉种子需求受到强烈的负面影响（图 1）。

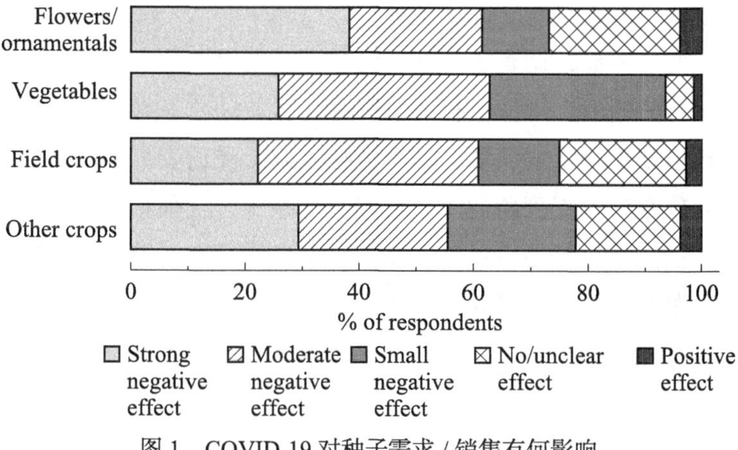

图 1　COVID-19 对种子需求 / 销售有何影响

业务几乎所有方面都受到了负面影响，如图 2 所示，超过 85% 的受访者表示，国际和国内种子运输受到了负面影响，投资的引入和种子生产、加工所需的劳动力的获取都出现困难，64% 的受访者还谈到了融资渠道的减少。国际种子运输显然是种子行业受影响最严重的部分，52% 的受访者表示受到了严重的负面影响。

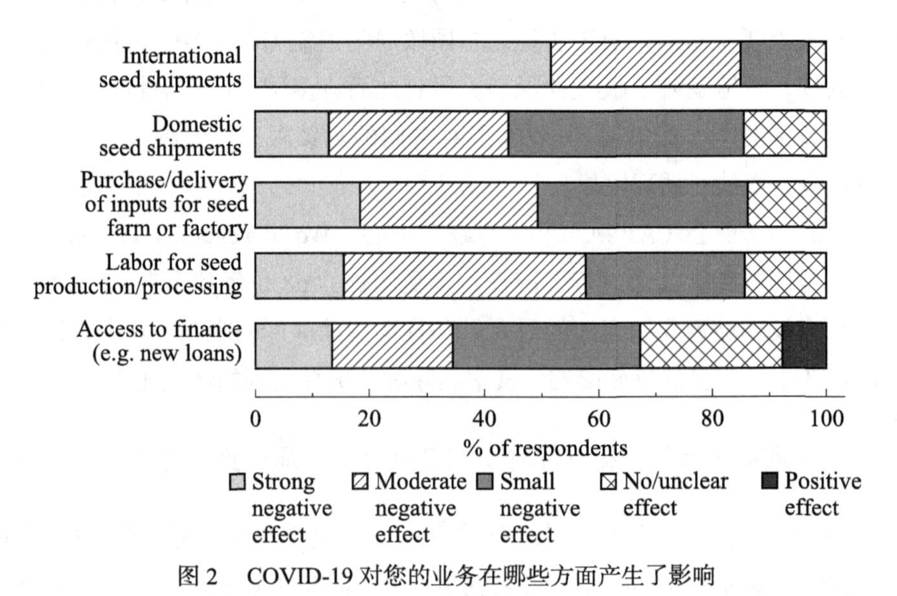

图 2　COVID-19 对您的业务在哪些方面产生了影响

二、国际种子贸易受到巨大的负面影响

国际种子贸易遭受的负面影响主要表现在劳动力短缺、配送和零售受阻、订单减少、物流成本提高等方面。

在国际贸易方面，调查了与出口订单量、运输服务、清关、获得进出口许可证和在目的地国交付种子有关的情况。结果显示（图 3），种子贸易的许多方面已经出现了一系列问题，其中包括：54% 受访者提到很难找到货运解决方案，42% 受访者提到新的出口订单有所减少，且很难完成种子在目的地国的交付。多位受访者还表示，在获得进出口许可证、植物检疫证书和通关方面存在问题。此外，许多尚未受到影响的公司预计，随着危机的继续，现有的问题将愈演愈烈。

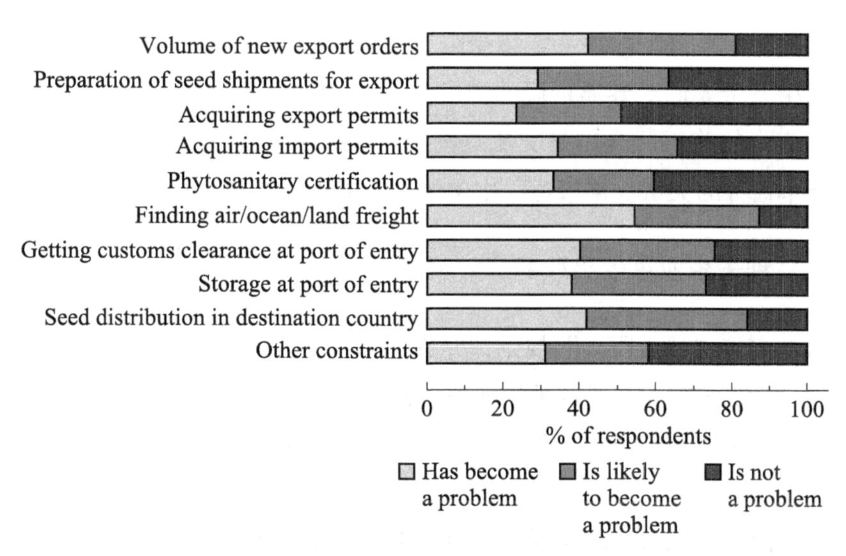

图 3　国际种子贸易出现了哪些瓶颈

考虑到该区域大多数国家种植的一些作物高度依赖种子进口以确保其粮食和营养安全，目前的情况令人担忧。亚太地区最大的种子进口国是中国、马来西亚、巴基斯坦、澳大利亚、日本和韩国。根据 APSA 对 2018 年国际贸易数据的分析，只有泰国、印度、以色列、新西兰和印度尼西亚的种子贸易出现净顺差。

种子流通最关键的问题是快递服务的容量减少和延误。澳大利亚的受访者提到了“延迟收到植物检疫证书和目的国海关清关的原始文件”的情况。种子公司需要在种子运输之前通过快递服务将植物检疫证书送到目的地国家，但目前的快递公司无法正常提供这项服务。印度的受访者提到，一些缺乏保障的快递服务导致印度公司的小批量种子运输受阻，大批量种子运输遇到的此类问题较少。同样，日本种子贸易协会（JASTA）提到，国际航运和国内运输方面的问题对“亲本种子运输”产生了不利影响。该协会着重提到了在种子生产和海外销售方面遇到的一些困难，如关键文件的发布、运输路线的改变，甚至在某些情况下紧急暂停的现场业务都会造成贸易的延误。JASTA 表示，一些公司甚至报出退货和正常运费两倍的加急运费。

早在 2 月，中国种子行业就经历了类似的挑战，中国种子协会（CSA）3 月发布的一份声明证实了当地的封锁措施对国内种子行业产生的负面影响包括：劳动力短缺、配送和零售受阻、运输和物流费用增加等。尽管这些情况最初引发了人们对春播延误的担忧，但CSA认为迅速而严格的政府措施，以及强有力的跨部门合作与交流是确保及时为农民提供种子和农业投入品、进行春季播种的关键。据报道，中国的春季播种已如期进行。

三、种子企业可以采取的应对策略

（1）实施“社交距离”规则，允许部分员工在家工作，同时通过错开上班、员工轮班来维持重要的现场业务运营。

（2）持续监测市场情况并与客户保持沟通，及时、有针对性地了解行业动向和客户的需求。

（3）除了为种子运输寻找新的路线外，需要提前预订船只或航班的舱位，并协商运输成本。

（4）有必要就有关“绿色通道”的规则和程序向有关政府机构寻求支持，这些规则和程序已在许多国家实施，以加快粮食、种子和其他重要农业投入品的流通。

（5）企业应加强对数字平台的利用，以促进种子和相关产品的在线销售，同时还需制定促销和激励措施，以刺激销售。

四、各国政府应采取措施，确保春耕顺利进行

由于COVID-19的影响、相关的封锁和经济衰退仍在继续，从这项调查中得出具体结论还为时过早。然而，种子需求和国际种子运输量的减少将对亚太地区的粮食和营养安全以及农民的收入产生影响。各国政府可以通过免除种子生产、分销和贸易的封锁限制，以确保及时处理进出口许可证和植物检疫证书，努力突破种子供应链中的瓶颈。重要的是在即将到来的种子生产季节之前解决瓶颈问题，并密切监测当地的情况。

尽管从中长期看，人们普遍对情况的改善抱乐观的态度，认为可以缓解许多挑战，但如果在即将到来的种子生产季节继续实施封锁限制，大量的延误和增加的支出可能对某些公司和某些国家不利。

来源：亚太种子协会

ISF呼吁各国重视疫情期间种子的国际流通

国际种子联盟（International Seed Federation，ISF）发布了一项声明，呼吁各国对新冠病毒疫情危机下的种子流通工作给予重视。

ISF 呼吁各国政府助力种子的国际流通。ISF 指出，种子流通是全球农产品贸易不可或缺的一部分。在此非常时期，ISF 呼吁各国政府助力种子的国际流通，而不要采取限制流通的措施，否则将导致下半年出现严重的粮食和饲料短缺问题。

粮食安全对于全球的长期稳定至关重要，而不受阻碍的国际间的种子流通是粮食安全的重要保障。世界各地的农民只有获得高质量的种子才能种植出健康的作物。种子是在全球范围内交易的一种农产品，在过去 15 ～ 20 年间，种子的国际贸易量增长了 10 倍。

如今，没有一个国家能够完全依靠国内生产满足农民对种子的需求。种子公司在世界各地开展种子生产和试验活动，以降低由恶劣天气导致的作物歉收的风险。各国种子管理机构通过各种途径，如寻找最佳的种子生产地点、把握收获时间和运用本地的专业知识资源，帮助本国和他国的农民获得稳定的种子供应。

3 月和 4 月是北半球春播作物（玉米、向日葵、大豆、油菜、春小麦、大麦、露地蔬菜等）以及南半球秋播作物最重要的播种季节。如果因为种子未能及时送达田地而致使农民错过了当下重要的作物播种期，将导致下半年出现严重的粮食和饲料短缺，给民众带来无法承受的损失。

因此，对种子交易封锁国界，甚至减缓交易流通，都会给种子供应链带来严重的问题。

ISF 还指出因种子运输流通造成病毒传播的风险很低。冠状病毒有可能附着在食品表面造成病毒传播，但由于病毒的稳定性低，运输流通可能造成的病毒传播风险很低。

根据欧洲食品安全局（European Food Safety Authority，EFSA）、美国疾病控制与预防中心（Center for Disease Control and Prevention ，CDC）和德国联邦风险评估研究所（Bundesinstitut für Risikobewertung，BfR）的研究，目前尚无证据表明包括种子在内的食品可能是病毒的传染源或传播途径。尽管如此，近期被病毒污染过的食品表面仍然有可能造成病毒传播。所幸，由于冠状病毒在环境中的稳定性相对较低，这种病毒传播仅可能发生在污染后的短时间内。

简言之，冠状病毒的传播路径主要在于人际传播，由于冠状病毒在物品表面的存活率很低，在室温环境下经过几天或几周运输的产品或包装物造成病毒传播的风险很低。

来源：国际种子联盟

全球种业对COVID-19疫情的政策应对

2020 年 5 月 4 日，经合组织（OECD）发布了一份政策简报，阐述了COVID-19 疫情给全球种业带来的不利影响，以及各国政府、区域组织关于种业的政策应对。

一、目前疫情带来的重要影响

疫情导致的流通限制致使多国种子产业受到严重影响。作为一项重要的农业投入，种子在粮食系统中发挥着重要作用，是确保粮食安全和营养供应的关键，也支撑着农民和其他利益攸关方的生计。种业的发展已经走向全球化：一批种子可能在交付到农民手中之前已经在几个国家经历了繁殖、生产、加工和包装的过程。各国政府为阻止 COVID-19 疫情传播而对货物运输和人员迁移所实施的必要限制，有可能对种子的生产、认证、分配以及成本支出产生严重的影响。这对所有国家都是一个不容忽视的问题，但可能对发展中国家产生的影响更大。发展中国家对农业的依赖性相对更大，受到经济衰退的打击也更严重。

全球种业链的运转将在较长时间内受疫情的影响。3—5 月是北半球春季作物（玉米、向日葵、大豆、油菜、春小麦、大麦和大田蔬菜等）和南半球秋季作物播种的关键月份，但实际上，种子生产是一项全年都在进行的生产活动（图 4）。尽管在实施交通限制之前，大多数春秋季种子已经抵达其最终目的地国，但目前正在生产的用于下一个生长季节播种的种子能否被及时交付还是个未知数。由于航班减少而增加的运输成本，以及由于更严格的安全措施和更少的人力而造成的边境延误，可能会影响种子供应链的正常运转，进而妨碍种子的按时交付。种子机构及其相关供应链可能会在未来的较长时间感受到来自 COVID-19 疫情的影响，时间长短视疫情和相关禁闭措施持续的时间而定。

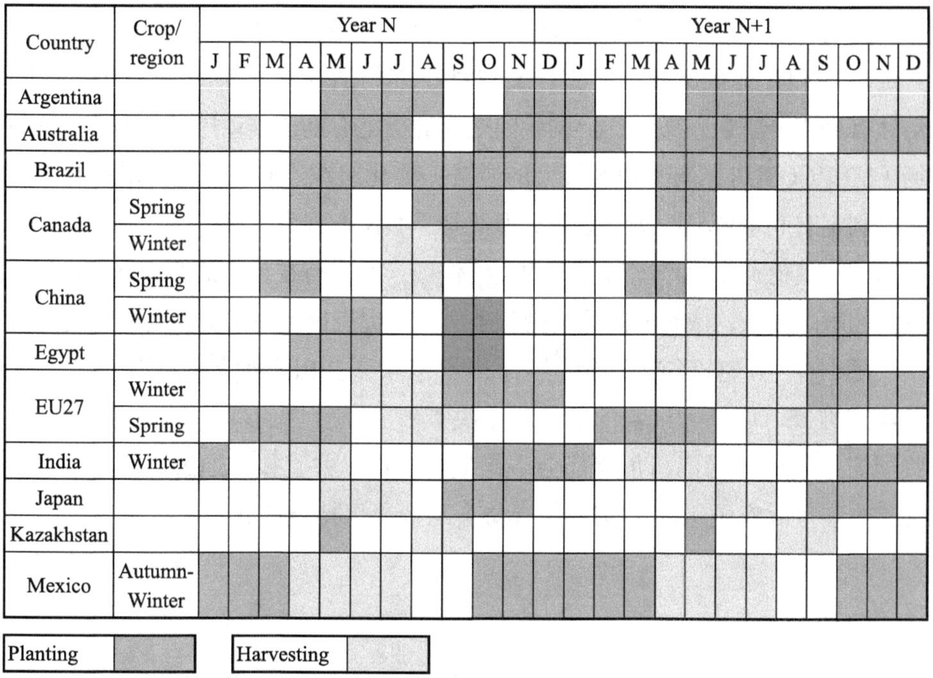

Country	Crop/ region	Year N											Year N+1												
		J	F	M	A	M	J	J	A	S	O	N	D	J	F	M	A	M	J	J	A	S	O	N	D
Argentina																									
Australia																									
Brazil																									
Canada	Spring																								
	Winter																								
China	Spring																								
	Winter																								
Egypt																									
EU27	Winter																								
	Spring																								
India	Winter																								
Japan																									
Kazakhstan																									
Mexico	Autumn-Winter																								

Planting　　Harvesting

Source: Agricultural Market Information System (AMIS).

图 4　全球全年播种和收获小麦情况

农业生产和收入受到疫情的严重影响。限制人员跨境流动和封锁造成许多国家农业部门劳动力短缺，特别是季节性劳动力需求高峰或劳动密集型生产时期的农业机构。例如，欧盟内部新实施的旅行禁令，以及关闭申根地区的政令，大大减少了一些欧洲国家农业机构的现有劳动力。北半球许多产品的收获季节即将到来，劳动力短缺可能造成农时延误和产量损失。

二、各国政府和区域组织关于种业的政策应对

为降低疫情带来的不利影响，各国政府和区域组织纷纷做出反应，以应对疫情。

遵守新的规章制度，维持整个农业产业链的正常运行。虽然种植和收获季不同，各国均在不同程度上都受到 COVID-19 疫情的影响。在此情况下，许多国家将农业列为重要产业，允许认证人员和相关公司在疫情期间继续运营，但需遵守社交距离规则。这意味着工作人员轮岗上班，以限制工作场地的人数，并要求在现场的工作人员穿戴特殊防护装备。

保持各区域组织间的沟通合作，促进种子贸易顺利进行。经合组织正与其成员国和其他国际组织合作，支持种子部门适应这些新的卫生防疫要求。沟通有助于分享最佳做法，协调各国之间的措施有助于推动进程。南方共同市场（MERCOSUR，南美地区最大的经济一体化组织）和欧盟等区域机构正在帮助制定有利于贸易的协调战略。即使是一些没有强大的种子生产部门的国家也承认了其他种子生产国所发挥的重要作用，并支持在目前的管理框架内采取灵活的解决办法，或暂时简化规则和条例，以促进国际种子贸易的顺利进行。

随时掌握产业动向，与业界保持紧密联系。由于形势在不断变化，定期收到准确、可靠和最新的信息对于决策者和监管者们就显得十分重要。一些国家指定的主管部门每周都会举行最新会议，并直接或通过国际种子联盟（ISF）和世界农民组织（WFO）等协会与业界保持定期联系。

来源：经合组织

亚太种子贸易正在逐渐摆脱COVID-19疫情影响

优质种子是农民实现作物丰收的基础投入。种子供应的中断可能触发粮食产量变化，进而危及全球粮食和营养安全。为遏制 COVID-19 的传播，各国都实施了对人员和货物流动的限制措施。疫情期间的限制措施已经对播种需求、种子的生产和贸易产生了不利影响，因此，对限制措施及其影响等情况进行跟踪监测非常重要。

亚太种子协会（APSA）的蔬菜和观赏植物特别兴趣小组和世界蔬菜中心（WorldVeg）对 APSA 成员进行了在线调查，调查对象主要为种子公司的经理。第一轮调查安排在 2020 年 4 月 8—14 日，共收集了来自亚太地区十多个国家的 68 份回复。后续调查是在 2020 年 5 月 19—29 日进行的，收集了亚太地区的 59 家公司和该地区以外的 15 家公司的数据。

播种的需求正在恢复

亚太地区的大多数公司反映 COVID-19 对所有作物的播种需求和销售都产生了负面影响，但该影响正在逐渐减弱。以大田作物为例，61% 的受访者认为，4 月种子销售受到了中度到强度的负面影响，至 5 月，这一比例仅为 38%。最值得注意的是蔬菜种子的变化，反映 COVID-19 对种子销售有负面影响的受访者比例从 4 月的 94% 下降到 5 月的 65%。在 2020 年 5 月 26—27 日由亚太种子协会和中国种子贸易协会联合举办的“COVID-19 对种子贸易的影响”网络研讨会上，几位演讲者也证实了这一情况。

种子生产和种子发货量正在缓慢复苏

大多数受访者指出，与 COVID-19 相关的封锁对他们业务的各个方面都产生了负面影响。这包括难以为他们的种苗场和工厂获得农业投入品和劳动力，以及很难进行国内和跨国的种子运输。目前，这些限制已经得到一些缓解，4 月，85% 的受访者指出了疫情期间的限制措施对国内种子流动的负面影响，到 5 月，这一比例下降至 65%。此外，58% 的受访者在 4 月反映了获得劳动力的困难，而在 5 月，这一比例降为 41%。

国际种子贸易仍然存在瓶颈

5 月收集的数据还包括来自 APSA 成员但总部位于亚太地区以外的种子公司的 15 名受访者，其中 9 名来自欧洲，3 名来自智利，巴西、南非和美国各 1 名。其中 14 个公司从事蔬菜种子贸易，7 个公司从事大田作物种子贸易，6 个公司从事花卉 / 观赏植物种子贸易。65% 的受访者报告了疫情期间的限制措施对种子销售 / 需求的负面影响，这与亚太地区的情况相同。

在业务连续性方面，亚太地区以外 80% 的受访者表示国际种子出货受到负面影响，亚太地区的这一比例为 91%。亚太地区以外的受访者也指出了投入品供应、劳动力、获得融资和研发方面受到的负面影响，5 月反馈负面影响的受访者较 4 月略有减少。

灵活应对后 COVID-19 时代的商业“新常态”，加强种子供应链建设

种子是农业生产和食品供应链的重要组成部分。种子流通的限制、物流的瓶颈、人力短缺和 / 或研发的延误可能产生连锁反应，威胁粮食和营养安全。确保农民在下个播种季节之前获得优质种子和其他必要投入品是至关重要的。按照惯例，蔬菜种子至少需要在播种前 30 ～ 45 天储存，因此，生产商、出口商和进口商正在努力解决这一问题。

同样，粮食商品的下游贸易也受到影响。据联合国粮食及农业组织称，物流瓶颈减少了水果和蔬菜等高价值食品的市场供应，许多食品的价格在 COVID-19 大流行期间下降。高投入成本加上低或不确定的市场价格对小农不利，他们中许多人一直在努力收回生产成本，因此可能减少下一季在播种上的支出。

种子行业需要灵活应对后 COVID-19 时代的商业“新常态”，大流行已经改变了种子公司的运作方式。种子公司管理者提出了各种适应和应对的建议，包括：

（1）审查种子引进计划，包括亲本的引进计划，以确保为即将到来的季节提供充足的种子和遗传资源。

（2）密切监控客户的种子库存，确保库存足以覆盖整个季节。

（3）扩大在线交流平台、社交媒体和电子商务在营销和销售中的使用。

（4）通过直播工具、社交媒体广播平台，使用虚拟或远程工具进行产品演示 / 展览。

（5）与国家和地区种子协会密切合作，作为联系政府部门、监管机构和促进者的桥梁。

（6）交流最佳实践方案，修订工作场所规则和协议的标准操作规程（如人员配置和轮班，平衡生产需要与健康与安全规则和指南）。

展望未来，尽管 COVID-19 封锁措施的负面影响似乎正在缓解，但公共和私营部门之间的强有力合作对于确保农民的种子供应以及确保粮食和营养安全仍然至关重要。

来源：世界蔬菜中心

COVID-19扰乱了非洲的种子供应，对粮食安全造成威胁

全球 COVID-19 大流行使一些非洲种子公司难以生产和进口足够数量的合格种子，此外，劳动力短缺、边境禁运和行动限制，都加剧了种子公司在整个非洲大陆播种季节来临时向农民提供优质种子时所面临的挑战。大多数主粮的种子短缺，导致非洲农业生产力的下降，甚至对粮食安全造成了威胁。

种子生产成本大幅增加

加纳国家种子贸易协会（National Seed Trade Association of Ghana，NASTAG）执行秘书 Augusta Nyamadi Clottey 指出：该国应该在 3 月开始播种，但需要进口的大部分种子都没有进口到该国。加纳从欧洲、亚洲和美洲进口大量改良蔬菜和其他种子，以及其他农业投入品。由于商业航班的边境被关闭，产品的运输成本更加高昂。现在，种子公司必须租用飞机来完成运输，成本增加了 15% ～ 20%。这意味着利润下降和生产成本的上升。

由于 COVID-19 疫情的影响，即使是生产合格种子并出售给农民的当地种子公司也难以获得足够的劳动力来顺利运作。种子的收获、清洗都需要人工完成，但由于边境封锁劳动力无法到位，劳动力的获取已经成为一项真正的挑战。

高质量认证种子缺口较大

认证种子是在严格的标准下由有许可证的种子公司生产的高质量种子，以确保其高发芽率和生产力。众所周知，使用劣质种子是非洲各地农场生产率低下的主要原因。目前，非洲大陆 70% 以上的农民仍然无法获得改良的、高质量的种子。在 COVID-19 导致高质量种子缺乏的情况下，农场生产率可能会跌至谷底，使农民更难养活自己和家人。

引用西非国家经济共同体和其他几个区域机构的预测，COVID-19 将导致整个区域 2020 年作物季节各种主要作物认证种子的短缺，受影响的作物包括玉米、高粱、谷子、豇豆和花生。以西非和中非 22 个国家为成员的农业研究协会指出，除非迅速采取行动，为生产者获取种子和其他投入品提供便

利，否则 COVID-19 造成的干扰将不可避免地导致农业减产。应当努力确保西非经济共同体和萨赫勒地区主要粮食作物的认证种子的供应和获取，以避免 COVID-19 疫情对农业生产造成无法挽回的损失。

种子在国内和跨境的运输需要恢复

非洲种子贸易协会呼吁各国共同努力，确保农民在疫情期间能够及时获得优质和改良的种子。该协会在一份递交到科学联盟的声明中提到，考虑到冠状病毒在表面的存活能力很差，而且在国际运输中存活的可能性极小，由专业种子公司处理的种子已经遵守了严格的卫生、植物检疫和卫生处理规程，因此种子在国内和跨境的运输不应该受到影响。关闭边境，甚至是减缓种子跨境流动，都会给国内和全球的种子供应链带来严重问题。

自给自足的粮食系统亟待建立

加纳大学西非作物改良中心主任 Eric Danquah 指出，COVID-19 暴露了整个非洲农业供应链的弱点，需要立即加以解决。各国政府对食品行业的承诺在减弱，尽管各国面临着一些历史上最严重的威胁，包括人口增长和 COVID-19 大流行，后者以前所未有的规模扰乱了食品供应链。一切常规的做法将使已经不乐观的食品和营养安全局势更加恶化。西非的粮食系统是变得更强大还是更脆弱，将取决于各国当局为创建自给自足的粮食系统而采取的紧急措施。

加纳粮食和农业部副主任 Solomon Gyan Ansah 认为这次的疫情确实促使政府认识到，在任何时候，都应该有一些可以在灾难发生时使用的种子。政府将会采取措施确保农民随时都有种子可用。

来源：康奈尔大学

经合组织种子计划应对COVID-19疫情

自 20 世纪 60 年代以来，经合组织（Organization for Economic Co-operation and Development，OECD）种子计划一直在认证用于国际贸易的种子批次的

品种特性和纯度。2020 年，包括 4 个最不发达国家（塞内加尔、坦桑尼亚、乌干达和赞比亚）在内的 61 个国家参与了经合组织种子计划。

OECD 认证种子数量庞大，其标准具有专业性和权威性。2016—2017 年，该计划认证了 12 亿千克种子，约占全球大田作物（豆类、谷物、工业原料作物和牧草）出口总量的 1/3。目前，经合组织种子计划已登记 60 000 多种农作物。经合组织种子计划使用一种可访问的田间检查和控制区域测试系统，以确保种子批次的身份和纯度。许多国家和地区市场（如欧盟）已将 OECD 关于品种标识和纯度的标准纳入其立法。

OECD 认证是国际监管框架的一部分，用于正规种子部门的管理工作，促进贸易进程。经合组织种子计划与国际种子检测协会（International Seed Testing Association，ISTA）和国际植物新品种保护联盟（Protection of New Varieties of Plants，UPOV）等组织密切合作，ISTA 的工作旨在确保种子抽样和测试的一致性，UPOV 协调各国的植物品种保护并确保育种者的权利。该计划还与诸如世界农民组织（World Farmers Organisation，WFO）和国际种子联盟（International Seed Federation，ISF）等行业机构合作，支持各国正规种子部门的发展。

在 COVID-19 危机的巨大不确定性中，国际合作对于保持贸易顺畅至关重要。经合组织正在与参与国合作，以协调政府和私营部门之间的行动，并寻求解决方案以确保农业种子能够及时播种。主要做法如下。

（1）尊重规章制度，但要适应不同情况。不同国家对新冠肺炎疫情的影响感受不同，取决于作物和季节（种植或收获）。许多国家，例如欧洲，已经将农业列为“基本”产业，因此，认证人员和公司被允许在遵守社交距离规则的同时继续经营。根据非洲种子贸易协会（African Seed Trade Association，AFSTA）的说法，将权力下放给公司员工一直是在实行限制行动和社交距离措施的情况下继续进行种子认证的关键举措。

（2）沟通和协调。沟通有助于分享最佳实践，国家间的措施协调可以使进程更加顺畅。诸如 AFSTA 或亚洲及太平洋种子协会（APSA）等区域机构可以帮助制定促进贸易的协调战略。即使那些没有强大种子生产部门的国家也承认其他种子生产国发挥的重要作用，并支持找到促进国际种子贸易的解决办法。经合组织计划目前正在与各参与国合作，为在紧急情况下灵活实施其规则和条例制定指导方针。

（3）随时了解情况并做好准备。随着形势的不断变化，政策制定者和监管机构定期收到准确、可靠和最新的信息是很重要的。许多国家指定机构举行了每周一次的更新会议，并直接或通过 ISF 和 WFO 等协会与业界保持定期联系。数字技术使许多认证机构能够在保证社交距离要求的情况下继续运作，并在国家之间的信息交流中发挥越来越重要的作用，使进出口过程更加顺畅。

来源：Enhanced Integrated Framework

COVID-19疫情下的种子贸易进出口优化解决方案

植物检疫证书是食品和包括种子在内的农产品贸易的关键。对于种子来说，植物检疫证书就像护照一样，允许种子批量跨越国界，进入他国市场。因此，交换植物检疫证书的效率对于维持农业部门和保障大流行期间及以后的粮食供应是非常重要的。

尽管空中交通和快递服务受到限制，但在新冠疫情下，电子认证对于保持农产品贸易的连续性是不可或缺的。IPPC ePhyto 解决方案的行业咨询小组（IAG）呼吁各国政府支持采用 ePhyto 解决方案。一些国家已经取得相关工作的进展。

2020 年 7 月，阿根廷和美国开始在所有植物产地的产品和副产品的进出口中使用 ePhyto 证书。这使得美国成为阿根廷交换植物证书的伙伴国家之一。2020 年早些时候，美国已经与智利进行了同样的合作，以一种简单、透明、可靠、数字化和无纸化的方式，从受管制商品的国际贸易中获益。

在摩洛哥，政府和企业联合开发了一个项目，旨在通过自动化和数字化流程，减少农产品贸易的时间和成本。采用的解决方案之一是 ePhyto 证书的使用。ePhyto 证书可以快速、准确、低成本地传递检疫文本，减少贸易商和边境机构的时间和经济成本，减少损失或欺诈风险，帮助确保阻止通过贸易对植物健康造成的任何威胁，为摩洛哥与贸易伙伴交换其他类型的数据铺平道路。

目前，已有 90 多个国家在该系统中注册。通过 IAG-IPPC ePhyto，该行业正在进行一系列的案例研究，以分析实施 ePhyto 解决方案对于商业、习俗和监管的影响。案例研究的结果将用于继续改进该系统的运作，并在贸易向无纸化执行迈进时提供专家指导。

来源：ISF

其他产业消息

美国SSC获资助开发有助于加速玉米种子出口的测试方法

艾奥瓦州立大学种子科学中心（Seed Science Center at Iowa State University，SSC）从美国种子贸易协会的种子科学基金会（Seed Science Foundation,SSF）获得了38 882美元的拨款，用于开发一种测试方法，这种测试方法将区分两种密切相关的玉米细菌，其中一种细菌会导致斯图尔特萎缩症（Stewart's Wilt）进而阻碍玉米种子出口，另一种细菌是前一种细菌的近亲，但不会在玉米上致病。当前的许多测试方法无法区分两者，有可能导致错误的阳性测试结果。

研究人员指出，这项研究的重点是优化、扩大适用性，并根据国家种子卫生系统（National Seed Health System，NSHS）验证指南对DNA测试方法进行实验室间验证，以充分验证其性能标准。研究人员希望在2020年12月中旬之前解决许多问题，例如：最好的DNA提取方法，种子提取物中DNA测试的下限，以及DNA测试与ELISA敏感性的比较。最终目标是在2021年春季之前获得一组可靠的验证数据，从而使该测试方法通过美国国家种子卫生系统的审核。

来源：艾奥瓦州立大学种子科学中心

以色列：挖掘传统种子的优势应对危机

在严重的气候危机和全球性传染病疫情肆虐的背景下，据以色列火山中心农业研究组织植物基因库负责人介绍，以色列科学家正在积极投入，努力挖掘传统种子的优势。

传统品种具有较好的耐受性。传统种子是指在特定农业地区种植了几代并适应该特定地区气候的农作物种子。自由授粉使作物遗传性更稳定，容易适应该地区的自然气候和生长条件。因此，在干旱、虫害、疾病和不同的天气条件下，传统品种具有较好的耐受性。

“绿色革命”降低了种子耐受性。由于城市化，以色列的野生植物种群逐渐减少，此外，以色列已经偏离了传统农业的做法。“绿色革命”引入了不同的农业技术和实践，移民带来了他们在本国种植的不同品种的作物，导致了种子杂交。然而，使用当今农业生产方式种植的作物通常遗传变异较小，这降低了它们对于气候、疾病和害虫的耐受性。随着气候变化的加剧，情况更加不乐观。

加强植物基因库建设，挖掘传统种子的优势。最近，私人农场主、组织以及政府都开始转向研究传统作物，特别是了解传统种子的免疫性。

以色列植物基因库一直处于这一转变的最前沿。该基因库负责收集和保存以色列所有植物的野生种子，并强调具有经济、农业或社会文化潜力的野生植物的重要性。基因库的种子收集是由专业植物学家完成的，他们寻找“野生的、有价值的和濒临灭绝的植物”。

该植物基因库正在与世界各地的其他种子库联系，已经能够将1 000多个当地的传统小麦品系运回以色列，工作人员还在不断寻找储存在世界不同地区种子库中的当地传统种子。

除了以色列的努力外，作为国际组织的作物信托基金也努力致力于通过建立可持续农业来保护营养和粮食安全，以便在应对气候变化的斗争中通过多样化和保护农作物来减少贫困和环境退化。

来源：ISRAEL21c

印度农业技术机构呼吁政府允许对*Bt*茄子进行田间试验

印度农业技术产业机构农业创新联盟（The Alliance for Agricultural Innovation,

AAI）致函印度农业部和8个邦的政府，呼吁允许*Bt*茄子的田间试验。

*Bt*茄子是一种转基因作物。在印度，*Bt*茄子在2009年被基因工程评估委员会（GEAC）批准用于商业种植，但2010年在引发关于公众健康和生物多样性的担忧后，被时任环境部长的Jairam Ramesh置于“无限期暂停”之下。2019年，包括马哈拉施特拉邦（Maharashtra）和哈里亚纳邦（Haryana）在内的几个邦的农民被发现种植*Bt*茄子。

自2014年以来，该作物已在孟加拉国商业化种植，这是南亚第一个种植*Bt*茄子的国家。

AAI的声明主要强调了*Bt*茄子为农民所能带来的经济利益。声明还指出，过去23年对转基因种植的几项研究和分析没有发现转基因作物“对人类或动物造成不利健康影响”的证据。

来源：Agropages

美国国家种子测试机构为种子出口保驾护航

美国种子行业每年的出口额预计可达16亿美元。COVID-19疫情期间，种子的国际业务和跨境流动面临严峻挑战，种子公司正在努力将产品及时地装运到世界各地，以满足春季播种期的需要，种子出口的保障工作显得尤为关键。

艾奥瓦州立大学种子科学中心（Iowa State University Seed Science Center）下辖的国家种子健康系统（NSHS）是美国种子出口的重要保障部门

NSHS是由美国农业部动植物健康检查服务局（USDA-APHIS）授权，由艾奥瓦州立大学种子科学中心管理的一个机构，负责授权私营和公共实体开展某些活动，及颁发用于种子国际流通的联邦植物检疫证书。该植物检疫证书是跨境流通中证明种子健康的必备文件。

获得优质种子对于维持良好的经济状况至关重要，是为地球提供食物、衣物和燃料的基础。国家种子健康系统在保障每年约16亿美元种子出口方面发挥着重要作用。

及时的种子测试对保证播种和美国种子出口至关重要

种子科学中心将维护种子的测试服务列为工作的重中之重，确保NSHS

能够维持其正常运营，为获得认证的公司提供服务，使他们能够继续接受种子测试和检查。

种业公司通常会提前几个月计划和安排种子运输，以满足世界各地在种子播种期的需求。种子播种日程紧凑，及时对种子进行健康测试对播种工作至关重要。

通过NSHS，艾奥瓦州还领导了新型种子健康测试方法的研发，这些方法已被该机构应用，确保其技术处于领域前沿。

来源：艾奥瓦州立大学种子科学中心

巴斯夫与Delair合作，加快农业解决方案的研究

巴斯夫（BASF）与Delair（企业端到端可视数据管理解决方案提供商）签署了一项协议，宣布双方将在种子性状和作物保护方面的项目上开展联合研究，扩大合作规模。

每年，巴斯夫都会在全球的农业站点中进行数千项研究试验，测量不同田间条件下的产品性能。协议生效后，巴斯夫全球的农业研究站都能够使用delair.ai云平台。该云平台可以帮助简化和标准化通过无人机实地获得的信息，可以提供面向企业的工作流程解决方案和特定行业的分析报告，还可以帮助巴斯夫将其可视化无人机数据转化为有价值的情报，使数据最终转化为农业市场上具有实操性和可持续性的新的解决方案。

巴斯夫将在delair.ai云平台上建立其研究领域的数字孪生（Digital Twin）系统，绘制和分析所有的试验场地。云平台将帮助在田间工作的农艺师自动生成地理参考微图，并在每个样地（用于植被调查采样而限定范围的地段）生成生物学数据和作物行为数据。

巴斯夫最近推出了配备多光谱传感器的无人机，优化了无人机的野外数据自动收集功能，让使用者能够实时了解植物对环境的反应。

作为一家研究型农业公司，巴斯夫希望通过与Delair的合作对农作物及其周围环境有更深入的了解，并缩短新产品的上市周期。

数字孪生系统原理为充分利用物理模型、传感器更新、运行历史等数

据，集成多学科、多物理量、多尺度、多概率的仿真过程，在虚拟空间中完成映射，从而反映相对应的实体装备的全生命周期过程。

来源：Delair

Nuseed omega-3菜籽油将于2020年第二季度上市

澳大利亚种业公司Nuseed计划于2020年第二季度将其专利产品omega-3菜籽油推向市场。该公司已同总部位于美国芝加哥的食品和种子加工公司Archer Daniels Midland（ADM）达成加工协议，预计将在2020年第二季度，为美国蒙大拿州和北达科他州的该品种的合同种植者提供首次大规模加工服务。

omega-3油菜品种由Nuseed和澳大利亚国立研究机构联合开发，是首个生产长链omega-3脂肪酸的植物品种。该omega-3油菜品种由Nuseed、澳大利亚联邦科学和工业研究组织（CSIRO）和澳大利亚谷物研究与开发公司（GRDC）合作开发，是世界上第一个长链omega-3脂肪酸的植物来源，也是DHA营养素的第一个陆地来源。在此之前，omega-3脂肪酸通常来源于像鲑鱼这样的高脂肪鱼类。预计每公顷的油菜（omega-3品种）有可能提供与10吨野生捕获鱼相同数量的Omega-3脂肪酸。

Nuseed与ADM建立的合作关系，将有助于保障产品价值链的稳定性，加速菜籽油产品的生产。这种合作伙伴关系对于保障产品价值链的稳定性非常重要，它可以确保从生产到市场以及介于两者之间的各个阶段的管理水平是恒定的。ADM将提供Nuseed扩大生产所需的产能和标准。

omega-3菜籽油经加工可作为水产饲料和用于人类食用，作为鱼油的替代品。omega-3菜籽油将被加工成两种类型：用作水产饲料的Aquaterra油和用于人类食用的Nutriterra油。这两种物质都是可持续的陆上omega-3营养素来源的重要成分，可以被用作鱼油的替代品。这项产品的研发和生产有助于缓解利用野生鱼类资源摄取omega-3营养素的压力。

来源：ISAAA

巴斯夫将在澳大利亚推出首个小麦品种

巴斯夫（BASF）将于2021年冬季播种季节向澳大利亚小麦市场推出首个由其培育的澳大利亚小麦品种ASCOT。

该品种的优势在于其产量和农艺适应性。ASCOT是中后期品种，在有利的生长条件下具有极佳的单产潜力，由澳大利亚谷物和饲料种子公司（AGF Seeds）在维多利亚中部高地为巴斯夫及其商业合作伙伴Seednet生产。ASCOT在该地区生长良好，适合种植条件相似的地区进行种植，2021年的推荐种植区域包括南澳大利亚东部、维多利亚中部和新南威尔士南部。

ASCOT将是巴斯夫在澳大利亚推出的首个商业化小麦品种。巴斯夫认为新品种的开发是提高生产力的关键。ASCOT将是巴斯夫小麦育种计划的第一个项目，是巴斯夫在澳大利亚全国范围内商业化的一系列小麦品种中推出的第一个品种。该品种是巴斯夫位于维多利亚州朗热农的小麦和油籽育种中心近十年的创新研究成果，也是该公司在维多利亚州投资的成果，公司期待在未来几年内培育出一系列表现出众的小麦品种。

巴斯夫已经成为澳大利亚油菜籽领域的育种权威，拥有几个具有创新特征的突破性杂交品种，如InVigor® 品牌下的PodGuard® 和TruFlex®。

巴斯夫服务于农业、涂料、建筑、制造和矿业等主要行业，2019年在澳大利亚和新西兰的销售额约为3.59亿欧元。截至2019年底，该公司拥有500名员工，运营着11个生产基地，涵盖农业解决方案和农业投入品。巴斯夫活跃在澳大利亚已经超过90年，在新西兰大约60年。

来源：巴斯夫澳大利亚

拜耳推动其抗番茄褐果病毒番茄新品种在全球商业化

拜耳公司宣布对罗姆型番茄（Roma-type tomatoes）进行最后的大规模预投放试验，这是一种具备番茄褐果病毒（*ToBRFV*）抗性的番茄新品种。该试验将于本月在墨西哥开始，试验的品种包括对*ToBRFV*具有中度抗性（*IR*）

的两种罗姆型番茄。拜耳的罗姆型番茄品种通常被称为“无症状带菌者”，尽管存在病毒颗粒，但即便作物受到病毒感染，其叶片和/或果实中也几乎不会出现病毒症状。

ToBRFV 于2014年首次被观察到，并迅速传播到世界各地。这种影响番茄植株的病毒性病害对番茄产业来说是一个挑战，它可以很容易地通过多种媒介传播，传播媒介包括农具和设备、植物、水、土壤和人。

在本次试验之后，拜耳预计将于2021年将该产品投放到墨西哥市场进行商业销售，随后也将在全球其他重要市场上市销售。

来源：Seedworld

先正达番茄育种示范中心虚拟开业

先正达在全球范围内开展了20多个育种计划，其番茄产品组合非常多样化。先正达名为“番茄愿景”（Tomato Vision）的最新番茄育种示范中心位于荷兰马斯兰，已于2020年5月底在线上虚拟开放。

该中心拥有14 000米^{2}的高科技温室，育种者能够使用传统和尖端技术对800个独特的新杂交种进行测试，并针对特定的市场需求进行育种选择。温室的设计用于模拟真实的生长条件，设有不同的区域，提供有光照和无光照的种植，并具有完全的气候控制功能。Tomato Vision旨在直接与客户互动以确定他们的需求。在较大的温室中，有开放区域供参观者参观浏览，使他们对即将推出的产品有初步了解，并对先正达公司的整体温室产品组合体系有更深入的了解。

鉴于目前COVID-19疫情的影响，Tomato Vision借助现代数字通信工具和虚拟现实技术，为客户提供有价值的虚拟体验，从而使该中心成为真正的全球资源，凸显了数字通信如何克服物理限制的功能。

来源：Seedworld

巴斯夫投资1 200万美元，推动加拿大作物研发和商业化

巴斯夫公司和加拿大萨斯喀彻温大学作物发展中心（Crop Development Centre，CDC）大田作物研究组织有长达25年的合作关系。在过去20年里，巴斯夫基金会已经向CDC投资了1 200多万美元，用于作物遗传学的研发、设施的改进以及新的豆类和小麦品种的商业化。近期，巴斯夫农业解决方案公司承诺投入10万美元，用于在CDC新建一个世界一流的植物育种设施。

该设施将通过缩短育种周期和增加早代选择（early generation selection）来推动遗传增益。这笔投资将分配到豆类农作物田间实验室（巴斯夫于2005年已投资12.5万美元）和谷物创新实验室（巴斯夫于2009年已投资20万美元）。

加拿大农民提供了世界上大约40%的扁豆，豆类作物是加拿大的重要出口产品。此次投资的研究重点是帮助解决加拿大豆类作物的一个基本问题——杂草。扁豆中咪唑啉酮（imidazolinone，IMI）除草剂耐受性的发现和商业化不仅是控制杂草的工具，也有助于推动产业的发展。这项技术使种植扁豆成为农民能够获得更高收益的选择，并确保加拿大能够进一步满足全球对扁豆日益增长的需求。

来源：萨斯喀彻温大学

巴斯夫和TECNALIA通过数字化加速作物保护产品研发

2020年11月5日，巴斯夫官网讯，巴斯夫和欧洲基准研究与技术开发中心（Tecnalia）正在数字化领域进行合作，以加速对全球新型农作物保护产品的研发。两个机构合作开发了一项自动图像识别的新技术，该技术将被用于在温室和田间试验中确定植物病虫草害的种类和数量，有助于对作物中的杂草、真菌病害和虫害进行防控，从而保护作物产量和生物多样性。

与传统方法相比，这项新的、高效的技术为研究人员提供了来自全球实地试验网络的更加可靠的信息，因为图像识别评估可以更频繁地进行，从而提供更客观的数据。

巴斯夫和Tecnalia的合作始于2014年，在这项技术的合作研究中，Tecnalia主要负责基于人工智能和机器学习的最先进算法，通过分析和处理来自巴斯夫实地试验的大量数据，不断优化其算法。全面的数据集使巴斯夫的研究人员和开发人员能够以最佳方式评估新的植保产品的效率。

来源：巴斯夫公司

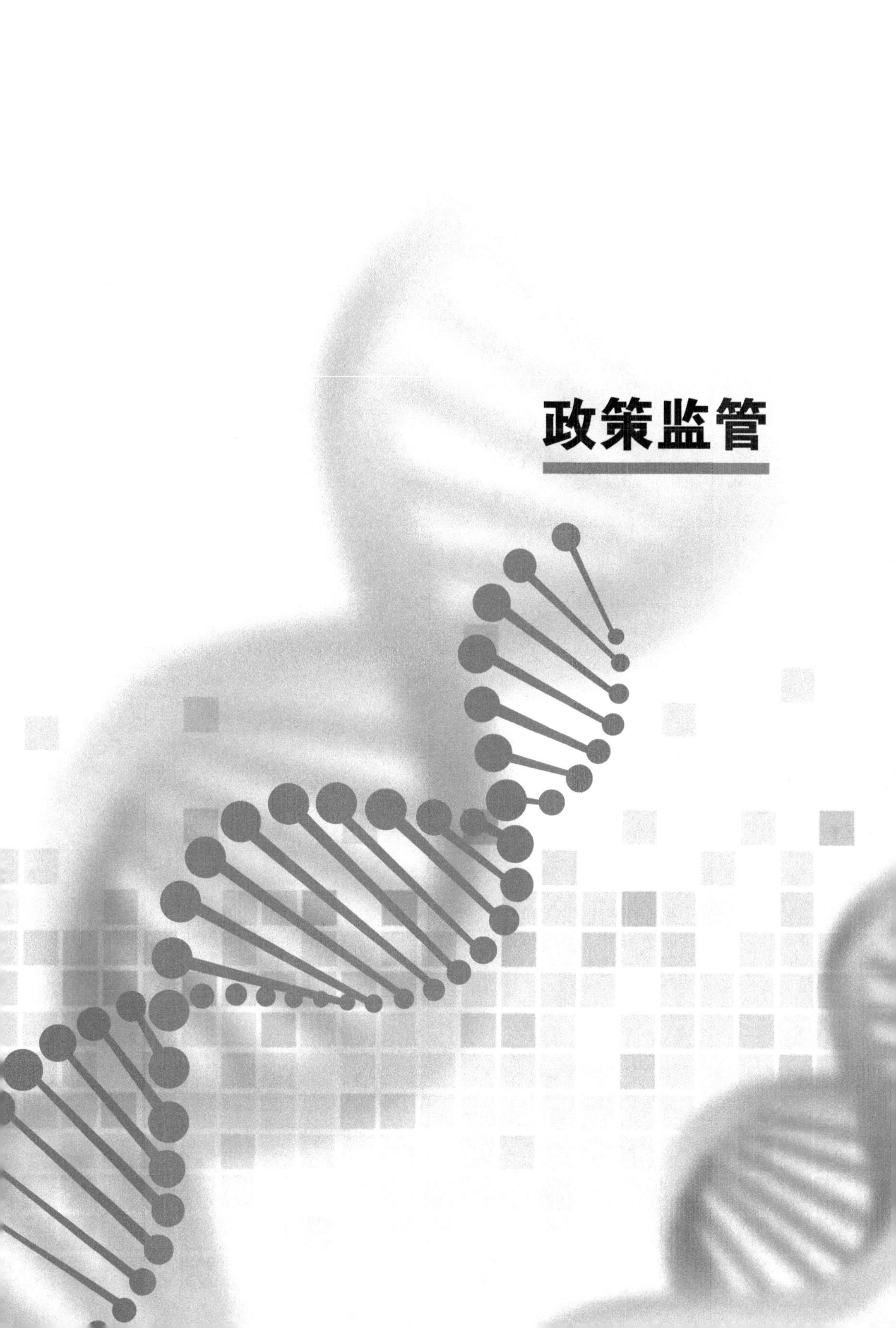

政策监管

尼日利亚将其第一个转基因粮食作物抗豆荚螟豇豆商业化

尼日利亚联邦政府已经批准将一种抗豆荚蛀虫的转基因豇豆品种商业化。这一进展使尼日利亚成为第一个将转基因豇豆商业化的国家。

2019 年 12 月 12 日，在尼日利亚西南部城市 Ibadan 举行的一次会议上，国家农作物品种命名、注册和发布委员会批准了抗豆荚螟豇豆的注册和商业发布。这种抗豆荚螟豇豆是十多年来转基因豇豆密集试验的成果之一，也是根除一种能造成高达 80% 产量损失的害虫——黄褐斑螟（Maruca vitrata pod borer）的一项研究突破。

新品种产量高，成熟期早，对寄生杂草具有抗性，引入的 Bt 基因对谷物和饲料的营养成分无负面影响

这一新品种名为 SAMPEA 20-T，是由 Zaria 的 Ahmadu Bello 大学农业研究所（Institute for Agricultural Research，IAR）的科学家在非洲农业技术基金会（ African Agricultural Technology Foundation，AATF）的协调下与几个合作伙伴合作开发的。SAMPEA 20-T 产量高，成熟期早，而且对 Striga 和 Alectra 是有抗性，这两种臭名昭著的寄生杂草是尼日利亚和其他干旱草原地区豇豆生产的主要制约因素。SAMPEA 20-T 品种的蛋白质和营养含量与其他传统品种相同，这意味着引入该品种的 Bt 基因对谷物和饲料的营养成分都没有负面影响。

尼日利亚联邦政府推出新的豇豆品种将改善当地小农的生计

豇豆的耕作条件十分艰苦，农户需要给作物喷洒 6 ～ 8 次农药，这对健康构成威胁。PBR 豇豆将有助于解决全国约 50 万吨的豇豆需求缺口，并提高全国 350 千克 / 公顷的平均生产力。

来源：Agropages

欧洲联盟对转基因植物的监管

在欧盟，反 GMO（转基因生物）团体的存在感很强。欧盟市场对转基因产品持不利态度。零售商在销售贴有转基因标签的产品时犹豫不决。种植传统和有机农产品的农民、环保主义者和非政府组织正在努力扩大非转基因食品区。尽管有科学团体主张生物技术或转基因作物的好处，但许多欧盟主要成员国，如意大利、法国和德国，已经禁止种植转基因玉米。

欧盟法规直接适用于每个成员国，欧盟指令应由成员国通过纳入其国内法来实施。欧盟有 28 个成员国，欧盟颁布的法律对所有成员国都具有超越国家的效力。欧洲委员会、部长会议和议会都参与了立法过程，而欧洲法院（ECJ）则解释了欧盟的条约和立法。成员国法院可以将任何与欧盟有关的法律问题提交欧洲法院，并可以发表意见。在欧洲，转基因技术受到严格监管，但欧盟的前身欧洲经济共同体（EEC）在 20 世纪 90 年代初就通过了转基因技术的共同体法律。

欧洲有关转基因植物的法律几经变更，欧盟成员国制定了共存法。关于转基因植物，关于有意向环境中释放转基因生物的指令第 90/220 号是欧洲第一个管理转基因植物的监管框架，但在 2001 年，欧盟废除了第 90/220 号指令，并发布了欧盟第 2001/18 号指令，该指令涵盖了转基因植物的所有主要方面。特别强调授权程序，对人类和动物健康与环境风险的科学评估，向环境中的实验性释放（田间试验）以及种植或投放市场。但是，当转基因作物、常规作物和有机作物之间存在共存问题时，欧盟将权力留给了成员国。在这方面，2003 年 7 月 23 日欧盟委员会通过了一项关于制定国家战略和最佳实践指南的建议（2003/556/EC），以确保转基因作物与常规和有机耕作共存。2010 年 7 月 13 日，委员会又废除了 2003 年准则，并通过了关于制定国家共存措施的准则的新建议书（2010/C 200/01），以避免常规和有机作物中意外出现转基因生物，使成员国能够根据欧盟第 2001/18 号指令制定共存的国家措施。如果此类措施不起作用，成员国或地区可以宣布无转基因区。迄今为止，已有 16 个欧盟成员国制定了共存法。

在欧盟，未经国家主管部门授权，任何人不得将转基因植物实验性的释放到环境中。需要两种不同的授权，一种用于田间试验，一种用于市场营销。经过成功的田间试验后，转基因植物在投放市场或开始种植之前，必须获得欧盟委员会的批准。在此过程中，所有欧盟成员国都必须给予同意。欧盟第 2001/18 号指令要求在转基因植物的商业使用、种植或进口之前必须获得书面授权。授权和程序的不同取决于转基因产品是否能够被繁殖，或者转基因产品是否经过加工，而不是由生物材料制成的。该指令不允许授权进口不能生长（不被视为生物体）的加工产品，如由转基因植物制成的玉米淀粉或菜籽油。然而，当进口作物是活的并且具有生长潜力（可被视为生物体）时，如转基因玉米粒或转基因油菜，则可以要求获得授权。

欧盟成员国是否有能力援引欧盟第 2001/18 号指令下的保障条款，并根据共存法宣布一个无转基因区，这是有争议的。欧盟没有制定关于转基因、常规和有机作物共存的全欧盟立法的计划。欧盟委员会认为，在确定有效和高效的共存措施方面，成员国比欧盟处于更有利的地位。2011 年 7 月 5 日，欧洲议会投票通过一项提案，该提案将使成员国有可能禁止转基因作物的种植。迄今为止，德国、丹麦、法国、葡萄牙、荷兰、比利时、奥地利和一些东欧国家已就共存问题立法。其他国家已经提交了提案草案或仍在制定提案。一些成员国不打算在不久的将来制定共存立法，因为它们认为在本国种植转基因作物的可能性很小。共存措施因国而异。这些差异是由于区域农业差异造成的，例如田地大小和气候。6 个会员国（德国、捷克共和国、爱尔兰、荷兰、葡萄牙和斯洛伐克）对转基因田和有机田的隔离采取了比对转基因田和常规田的隔离更为严格的措施。一些成员国规定了在自然保护区附近种植转基因作物的特别措施或禁止在这些地区种植转基因作物。由于这些特别条例与共存的概念没有联系，委员会认为，法律立场仍然不明确。

2015 年，欧盟颁布了指令（EU）2015/412，对欧盟第 2001/18 号指令进行了修订，允许欧盟国家限制或禁止在其境内种植转基因生物。2018 年 3 月 8 日的委员会指令（EU）2018/350，修改了欧洲议会和理事会关于转基因生物的环境风险评估的欧盟第 2001/18 号指令，欧盟国家有义务最迟在 2019 年 9 月 29 日之前实施遵守本指令所必需的法律，法规和行政规定。2018 年 11 月 16 日委员会实施决定（EU）2018/1790，废除了关于建立转基因生物环境风险评估的指导说明的第 2002/623 / EC 号决定，废除了已经过时的 2002 年指南。废除减少了运营商和主管当局在根据欧盟第 2001/18 号指令的附件Ⅱ进行环境风险评估时需要考虑的指导文件的数量。

2016 年，法国政府要求欧洲法院（ECJ）解释欧盟第 2001/18 号指令的规定，并决定欧盟第 2001/18 号指令是否规范了 CRISPR-Case9 等新的基因编辑技术。2018 年 7 月 25 日，欧洲法院在案例 C-528 / 16 中决定，包括通过诱变获得的基因编辑技术的生物均为转基因生物，原则上应遵守 GMO 指令规定的义务。其他国家，例如美国和澳大利亚，对这样创造的生物采取了不同的方法，要么接受它们为非转基因生物，要么采取宽松监管的“中间立场”。在这种情况下，欧洲法院解释说，只有某些应用中常规使用的且具有长期安全记录的诱变技术才可免除欧盟第 2001/18 号指令的义务。法院进一步指出，使用 2001 年以后开发的诱变技术（包括基因编辑）制成的生物不受该指令的豁免。

此外，欧盟在制定《卡塔赫纳生物安全议定书》中发挥了重要作用，并批准了该议定书。欧盟通过制定关于转基因生物越境转移的第 1946/2003 号条例，实现了议定书的要求。

来源：Biotechnology Law Report

南澳大利亚州取消对转基因作物的禁令

澳大利亚支柱产业与区域发展部长 Tim Whetstone 在 2020 年初发布的声明中说，继 2004 年以来，州议会解除对南澳大利亚种植转基因作物的禁令后，该地区的农民现在可以选择种植转基因作物。

自 2019 年 8 月以来，关于解除禁令的讨论一直都存在

此前阿德莱德大学（The University of Adelaide）经济学家凯姆·安德森（Kym Anderson）教授在 2018 年发布了一份关于转基因禁令的高级别独立审查报告，该报告的结论是，在南澳大利亚禁止转基因作物将使粮食生产商损失数百万澳元，如果这一禁令持续到 2025 年，将继续导致数百万美元的收入损失。

2019 年 12 月初，由于提交给议会的《转基因法案》修正案推迟了解除禁令的时间，关于转基因作物禁令的讨论再次达到高峰。该法案要求南澳大利亚转基因作物种植者获得额外的许可证，这可能会推迟他们种植季节的开始。这项禁令原定于 2019 年 12 月 1 日取消。

2020 年 1 月 1 日，议会解除了南澳大利亚州种植转基因作物的禁令

惠斯通部长于 2020 年 1 月 1 日正式宣布：州议会最终决定解除转基因禁令，南澳大利亚的农民现在可以选择使用转基因种子和种植转基因作物。

部长预计南澳的总体经济和农民收入将有所改善，南澳将通过科学研究和开发，探索更多的转基因研究机会，并通过新技术解决环境问题和气候变化带来的种种问题。

2018 年，澳大利亚农民种植了 79.3 万公顷转基因棉花和油菜。

然而，在澳大利亚的坎加鲁岛（澳洲第三大岛）仍在实行转基因禁令，该岛已在日本建立了一个无转基因油菜籽市场。

来源：ISAAA

2018—2019年全球转基因农业观察

2018 年全球转基因作物种植面积达到 1.917 亿公顷，再创新高。但是，种植面积增幅有所下降，2018 年种植面积同比仅增长 1%（2017 年 2.54%，2016 年 3%）。同时，转基因作物在世界五大转基因作物种植国的平均种植率已经接近饱和：美国 93.3%、巴西 93%、阿根廷接近 100%、加拿大 92.5%、印度 95%（数据来源于 ISAAA 2018 年报告）。行业整体进入平稳期，未来的增长将寄期望于新兴市场政策的放开以及新产品的研发。

2019 年，全球范围内共有 43 项关于转基因作物的批准，涉及 40 个品种，有 9 个新的转基因作物品种获得批准，包括油菜（1 种），棉花（4 种），豇豆（1 种），大豆（1 种）和甘蔗（2 种）。与前两年相比，批准总数和涉及的品种数均有一定程度的下滑，新批准的转基因作物品种保持稳定。

一、阿根廷转基因市场爆发式发展，知识产权意识得到强化

2018 年，阿根廷在十大转基因作物种植国家中排名第三，转基因作物的种植面积总计达到 2 390 万公顷，包括 1 800 万公顷转基因大豆、550 万公顷转基因玉米和 37 万公顷转基因棉花，转基因作物的种植率接近 100%。

转基因作物批准的步伐开始加快

阿根廷前几年的批准数量很低，在毛里西奥·马克里（Mauricio Macri）总统执政后加快了转基因作物批准的步伐。在其执政期间批准了近 25 个转基因性状，几乎是过去 23 年间批准的所有转基因性状数量的一半。尤其是

2018 年监管放松之后，阿根廷转基因市场迎来了爆发式的发展。其中 2018 年批准了 8 项关于转基因作物的申请，包括玉米、大豆和苜蓿。2019 年批准了 12 项，占当年全球批准总数的近 1/3，包括玉米、大豆和棉花。

其中 10 月批准的由孟山都开发的转基因玉米是 1996 年批准第一个转基因作物以来，阿根廷历史上批准的第 60 个转基因作物。

加强知识产权保护，以期引进更先进的转基因棉花技术

为了加强本国的棉花产业，缩短与巴西的技术差距。阿根廷国家种子研究所（INASE）在控制非法种子方面做了大量的工作。INASE 正在制止农民使用未经授权售卖的种子，并控制棉花种子繁育工厂，切断非法种子的生产线。2018 年阿根廷通过了 3 个新的转基因棉花性状，2 月批准了能够抗草甘膦除草剂和 HPPD 抑制剂除草剂的转基因棉花；6 月批准了具有抗除草剂和抗虫性状的转基因棉花，这是 1998 年推出 BollGard 后，第二个具有抗虫性状的转基因棉花；8 月批准的 VIPCOT 转基因棉花，具有抗虫性（鳞翅目昆虫）。其中前 2 个产品由巴斯夫公司商业化推广，VIPCOT 属于先正达，但已经授权给了巴斯夫。

准备 2019 年推出首个转基因马铃薯产品

2018 年 10 月中旬，阿根廷国家科学技术研究委员会（CONICET）开始推进该国首个转基因马铃薯 SPT TICAR 的正式登记工作，目标是 2020 年推出转基因马铃薯产品。该产品由 CONICET 与生物技术公司 Sidus 合作，对马铃薯病毒（PVY）有抗性。

二、中国的转基因政策稳步推进，种子企业寻求突破，“出海成功”

2018 年年初，农业农村部发布了 2018 年农业转基因生物安全证书批准清单，新批准了包括抗除草剂油菜、抗除草剂大豆等 5 种农业转基因生物，并批准了 26 项续申请的农业转基因生物。目前，中国允许种植的转基因作物仅有棉花和木瓜两种，根据 ISAAA 的报告，2018 年中国转基因作物种植面积为 290 万公顷，在亚洲排在第二。排第一的是印度，种植了 1 160 万公顷转基因作物。

中国的转基因政策一直在持续推进

近年来，中国的转基因政策持续迎来利好消息，从 2015 年“推进转基因经济作物产业化”被写入“十三五”规划，到2016年宣布将调整战略重点，推进抗虫转基因玉米的产业化进程；到2017年中国化工集团有限公司收购先正达以及持续批准新的转基因作物进口。

2019年12月30日，农业农村部公示了192个拟颁发“农业转基因生物安全证书”的植物品种，其中包括189个棉花品种、2个玉米品种和1个大豆品种。这是继2009年农业部向国产转基因玉米、水稻发放安全证书之后，10年来再次在主粮领域向国产转基因作物拟批准颁发安全证书。新批准的转基因玉米和大豆分别为北京大北农生物技术有限公司的抗虫抗除草剂玉米“DBN9936”，杭州瑞丰生物科技有限公司和浙江大学的抗虫抗除草剂玉米“双抗12-5”以及上海交通大学的抗除草剂大豆“SHZD32-01”。这里需要注意的是根据《农业转基因生物安全管理条例》及相应配套制度，中国转基因种子审批需经历转基因作物安全评价以及品种审定，如果要进行商业化推广，那就还要取得国务院农业行政主管部门颁发的种子生产许可证。目前，还没有粮食作物获得过这个许可证，因此还不能进行商业性种植。但是鉴于这几年来政府对于转基因政策的持续推动，行业内相信这将是未来几年中国放开转基因主粮种植迈出的重要一步。

中国种子企业在转基因作物的产业化方面已有新的突破，寻求到海外的发展机会

2019年2月，北京大北农生物技术有限公司研发的转基因大豆（事件：DBN-09004-6，具备草甘膦和草铵膦两种除草剂抗性）获得阿根廷政府的正式种植许可。这是中国公司研发的转基因作物首次在国际上获得种植许可。在每年上亿的科研投入，国内又无法产业化的现状下，大北农终于另辟蹊径，出海成功。大北农表示将立即启动该产品的中国进口法规申报程序。同时该产品正在申请乌拉圭和巴西的种植许可。此外，还将申请欧盟、日本、韩国等其他大豆主要进口市场的产品进口许可。该案例为国内的一些大型种子公司提供了新的产业化的思路，在国内转基因政策依然还不明朗的情况下，已经成熟的转基因技术与其始终停留在实验室阶段，不如考虑出海，寻求海外种植的可能性。一方面能够回收部分科研经费，另一方面也能够为未来国内的转基因产业化打下坚实的基础。

三、美国转基因食品标识法逐步实施，排除在新标签法之外的品种值得关注

2019 年批准在美国进行商业化生产和销售的转基因项目清单里包括：AquAdvantage 三文鱼、Arctic 苹果、油菜籽、玉米、棉花、BARI Bt Begun 茄子、木瓜（抗环斑病毒的品种）、菠萝（粉红果肉品种）、土豆、大豆、南瓜和甜菜。

关于转基因食品标识的法律已生效，并将全面实施，但利用新育种技术生产的产品将被排除在新的标签法之外，动物饲料、甜菜糖、大豆油和玉米甜味剂（主要来自转基因种子）也在被排除之列。

2016 年美国总统奥巴马签署了名为《国家生物工程食品信息披露标准》的法案，标志着美国转基因食品标识的争论最终尘埃落定。该法律已于 2020 年 1 月 1 日开始生效，并将于 2022 年 1 月 1 日得到全面授权。任何含有转基因（GMO）成分的产品或副产品都必须贴有表明该事实的标签。2022 年 1 月 1 日之后，如果产品不包含此标签，则该产品不含 GMO 成分。

2019 年，由美国农业部开发的“Bioengineered（生物工程）”（或“BE”）标签开始出现在美国杂货店出售的产品上。

需要注意的是，新的法律下，使用新育种技术选育的产品，例如 CRISPR、TALEN 和 RNAi 将被排除在新的标签法之外。同时动物饲料也被排除在新标签法之外，这意味着食用了转基因饲料的动物产生的肉制品，蛋和奶制品也无需披露。此外，从转基因作物中提取的精制食品无需披露，除非它们包含可检测到的改良遗传物质。这意味着甜菜糖、大豆油和玉米甜味剂（主要来自转基因种子）将不必标注为转基因成分。

来源：Agropages

法国法院：诱变产品必须像转基因生物一样受到监管

法国法院裁定，诱变是基因工程，不能将其排除在“风险预防原则”之外，这将使部分食品面临被禁的风险。

法国对诱变产品正在经历一个从对其免除转基因生物监管到认定使用诱变技术培育的品种必须适用与转基因生物相同的监管规定的过渡。

诱变指采用人为的措施诱导植物遗传基因产生变异，然后在产生变异的植株中按照需要选育出新的优良品种。诱变比自然突变过程快得多，但比杂交和嫁接等传统技术更具针对性。在20世纪70年代，诱变技术的下一代技术——转基因科学和转基因生物（GMOs）的相关研究开始出现。20世纪80年代初，转基因产品开始出现。

20世纪90年代，美国夏威夷州批准了一种诱变木瓜。在此之后，其他一些诱变食品也相继得到了批准。

当欧洲食品领域的非政府组织开始采用美国GMO流程时，他们通过一种合理的解释使诱变食品免受GMO的相关监管，该解释是：转基因是将另一物种的基因插入生物体的基因组中，而诱变只是使生物体内部发生突变。这个办法一直奏效，直到食品监管领域更加精细化，并且非政府组织将所有使用基因工程的生物体都称为GMO。

在法国，国务委员会法官已裁定，如果使用诱变技术使植物品种对除草剂具有更高的耐受性，则必须适用与GMO相同的规定。就像某些转基因生物因为转基因技术而更具草甘膦耐受性一样。2001年3月12日，一项欧洲法令指出，转基因生物在市场上出售或使用之前，必须经过风险评估和授权程序。这项法令已经纳入到《法国环境法》第二卷，成为法国法律。但这项法令只适用于转基因产品，这使得所有通过诱变技术得到的生物体免受GMO法规的监管。

法国法院认为如果诱变技术能提高除草剂抗性，那么诱变技术也应属于基因改造。因此，市场上有数千种装饰性花卉需要受到GMO法规的监管。

法国国务委员会援引适用于所有其他基因工程的风险预防原则，给予政府6个月的时间来修改《环境法》第D. 531-2条，政府必须在9个月内确定那些已进入官方栽培植物目录的、但目前免于GMO风险评估程序的、通过诱变技术得到的农作物品种。

新的审批程序将有效阻止诱变食品进入法国市场。常见的通过诱变产生的作物包括大米、豌豆、花生、葡萄柚、香蕉、木薯和高粱。诱变小麦用于面包和面食，而诱变的大麦则用于啤酒和威士忌。新程序意味着未经审核的

“生物”啤酒、面包或面食将不被允许出现在市场上。

审批程序是为了防止属于诱变食品的许多竞争性产品进入市场，而大多数诱变食品预计也无法通过审批程序。因此，农民很可能会从目录中去除相关的诱变品种，并暂停这些品种的种植。

来源：Agropages

加拿大：转基因作物商业化获批25周年

1995 年 3 月 14 日，加拿大食品检验局（Canadian Food Inspection Agency，CFIA）批准将两个除草剂耐受型转基因油菜品种投入商业生产。获批品种为安内特作物科技加拿大分公司（AgrEvo Canada Inc.）提交的抗草铵膦型油菜品种，和孟山都加拿大分公司（Monsanto Canada）提交的抗草甘膦油菜品种。这是加拿大批准用于生产和消费的首批转基因作物。

商业化前，CFIA 对两种转基因作物进行的潜在风险评估结果显示：转基因品种和当时的常规品种在对环境的影响上没有明显不同；没有基因流动至杂草类亲缘植物的可能性；未对其他作物和蜜蜂产生消极影响；没有食用过敏现象出现。

在正式商业生产之前，这两个转基因油菜品种都经历了广泛的风险评估。两家提交品种审核的公司都根据 CFIA 的要求汇编了大量的科学数据，并将这些科学数据提交给 CFIA，CFIA 安排专家对数据进行了审查评估。

在审查过程中，监管风险评估主要着眼于以下五大基本的潜在环境风险。

（1）转基因油菜杂草化或对自然栖息地造成入侵式破坏的可能性。风险评估结果显示，转基因油菜（包括对多种除草剂具有耐抗性的杂草化的油菜植株）对环境产生的影响不会大于当时的常规油菜品种。

（2）基因流动至杂草类亲缘植物的可能性。这种可能性是存在的，但是，研究人员把野生芥菜和转基因油菜（芥菜和油菜都是芸薹属植物）种植在一起，并对种植所得的 290 万颗野生芥菜籽进行检测，结果显示未发现 2 种植物的自然杂交品种。

（3）转基因品种的抗性是否会对当地的作物虫害产生影响。风险评估的结果显示，转基因油菜的耐除草剂特性在这方面没有造成影响。

（4）对非靶标生物的潜在影响。将其他作物品种（包括小麦、大麦、扁豆、豌豆、亚麻和紫花苜蓿）作为非靶标生物进行了评估。评估结果显示，转基因油菜并未对这些非靶标生物的土壤肥力、土壤细菌、植物健康状况和作物产量产生任何影响。同样情况，评估也没有发现转基因油菜对蜜蜂有任何消极影响。关于转基因油菜是否有可能成为过敏源，研究也进行了评估，结果显示，人类或牲畜食用转基因油菜，均不会产生任何过敏反应。

（5）对于生物多样性的潜在影响。评估结果显示，和非转基因油菜相比，转基因油菜对生物多样性的影响没有明显不同。

转基因品种商业生产获批后，加拿大启动了菜籽繁殖计划，转基因油菜的种植面积逐年上升

1995 年，加拿大油菜的生产规模达到 3 万英亩（1 英亩≈4 047 米^2）。1996 年，生产规模迅速扩大至 24 万英亩。到 1997 年，转基因油菜已经广泛用于商业用途。1997 年，转基因油菜的种植面积仅占加拿大油菜总种植面积的 10%，1999 年为 55%，2005 年达到 80%，2008 年则超过了 90%。

转基因作物的商业生产影响巨大，已彻底改变了加拿大的草原农业

25 年过去了，这两项批准转基因作物商业生产的决定所产生的影响可谓非同凡响，转基因作物带来的包括提高产量、减少化学品投入和促进可持续发展等种种益处使加拿大的草原农业发生了巨变。

来源：SAIfood

美国农业部发布新规则，为农业创新铺平道路

2020 年 5 月 14 日，美国农业部发布了“可持续的、生态的、一致的、统一的、负责任的、有效的规则”（Sustainable, Ecological, Consistent, Uniform, Responsible, Efficient Rule/SECURE Rule）。该规则根据《植物保护法》对美国农业部（USDA）生物技术法规进行了更新。美国种子贸易协会（ASTA）随后也发布了“关于 USDA 安全规则的声明”。

ASTA 总裁兼首席执行官 Andy LaVigne 表示：“所有国家的农业生产

者都有权选择和使用最新的生物技术工具来支持经济和环境的可持续性发展。”“为了使美国继续保持创新的领导地位，成功应对农业和食品生产系统所面临的来自气候变化和迅速发展的病虫害的挑战，我们需要基于科学的监管体系，为利用最先进的育种工具研发的新产品提供一条清晰的商业化路径。”

ASTA在分析该规则的全部细节时，注意到该规则承认：通过基因编辑技术开发出的新品种基本上等同于通过传统育种方法开发的品种，因此在政策上将对它们一视同仁。该规则包括了一套额外豁免的机制，针对这套机制，种子公司必须有明确的途径来申请并确认其产品符合最终规则中的豁免条件，才能将获得豁免的植物或植物类别投放市场。定义明确且有效的确认流程将为国内和出口市场中的产品营销带来价值，同时将有关这些产品的信息提供给利益相关者和公众。

来源：美国农业部，美国种子贸易协会

南澳大利亚州向转基因作物商业化种植合法化继续迈进

2020年，南澳大利亚州（South Australia，SA）议会通过投票的方式，达成了一项两党折中框架，允许在南澳大利亚大陆（袋鼠岛除外）种植转基因作物。从而使转基因作物商业化种植又向前迈进了一步。

此前，SA州政府于2004年制定了《转基因生物管理法》，禁止在整个南澳大利亚州种植转基因作物，并于2018年底对法案的实施进行了审查。审查结果认为转基因作物禁令增加了SA种植者的成本且并没有获得相应的溢价，继续实施此禁令将会损害该州吸引农业研究和开发投资的能力。因此，SA州政府决定取消除袋鼠岛外其他地区的转基因作物禁令。袋鼠岛继续执行转基因作物禁令是由于袋鼠岛的种植者在日本已经建立了非转基因油菜籽市场，继续该岛的转基因作物禁令有利于隔离转基因油菜并保有日本的非转基因油菜籽市场。

2020年1月2日，SA州政府取消了对SA大陆长达15年的转基因作物种植禁令，允许该州（袋鼠岛除外）农民购买转基因种子和种植转基因作物。

来源：Graincentral，ISAAA

美国《联邦种子法》最终规则发布

美国农业部农产品销售局（Agricultural Marketing Service，AMS）2020年7月8日发布的最终规则对《联邦种子法》（Federal Seed Act，FSA）的实施条例进行了修订。该规则将于8月6日正式生效。

该规则对种子标签、检测和认证要求进行了修订，以反映行业实践的发展；更新了该规则所涵盖的种子种类的名单，并修改了几种蔬菜种子的名称，以反映最新的科学命名法；进一步增加或修订了条例中使用的其他术语的定义，以使受管制实体更加明确；更新了与种子质量、发芽和纯度标准以及可接受的种子检测方法有关的条例；更新种子认证和再认证要求，包括新的合格标准和对当前育种技术的认可。

该规则使FSA的规定与当前的行业惯例相一致，使FSA的测试方法与行业标准相一致，并澄清现行法规中混乱或矛盾的语言。预计这些修订将减少与州际种子贸易有关的贸易负担，并鼓励相关方遵守州和联邦法律。

来源：Govinfo

英国植物育种协会敦促同行支持《农业精确育种修正案》

英国植物育种协会（British Society of Plant Breeders Ltd.，BSPB）正在敦促英国上议院支持农业法案的第275号修正案，该修正案将允许英国的科学家和育种家获得并使用最新的基因编辑技术，标志着英国作物改良的一个重大转变。

该修正案对英国的《环境保护法》进行了简单修改，将扭转欧盟将基因编辑产品归为转基因生物的规定。这被视为英国重新调整与世界其他国家监管立场的重要一步。

BSPB的新任首席执行官指出：CRISPR-Cas9等先进的基因编辑技术可以提高作物育种的速度和精度，为满足提高农业生产力、资源利用效率、更持久的病虫害抗性、改善营养和抵御气候变化的需求提供了重要机会。

欧洲法院在2018年7月裁定，基因编辑技术的产物应被视为转基因生物，这让欧盟与世界其他地区（如美国、阿根廷、巴西、澳大利亚和日本）对基因编辑产品的监管方式存在分歧。英国环境部多次指出，如果DNA变异可以自然发生或通过传统育种方法发生，则不应将基因编辑产品作为转基因产品加以管制。一旦英国退出欧盟，该修正案将提供一个基因编辑产品的监管解决方案。

来源：英国植物育种协会

古巴成立转基因生物管理委员会

古巴颁布了一项法令——《古巴国家农业机构改革委员会法令》（第52号公报），该法令成立了一个新的委员会来管理转基因生物的使用。古巴科学、技术和环境事务部将主持这个新的委员会，以确保在监管转基因生物方面具有一致、全面的决策过程，同时该法令将适用于古巴农业部门所有的活动。

该法令旨在规范转基因生物的研究、开发、生产、使用、进口和出口，同时促进科技创新机构、高校、民营企业以及政府机构的参与。该法令规定，所有与转基因有关的活动在实施过程中都必须经过充分的风险评估，采取一定的预防措施、拥有足够的透明度，经过充分的沟通并体现出道德责任意识。该法令还指出需要建立一种独特的、差异化的转基因生物可追溯和标识制度，这一开发必须在产品商业化之前实施。

该法令旨在通过使用科学可行的评估方法，连贯、透明的批准制度，建立一个以环境和生物安全为基础的框架。它还将古巴的做法与现有的国际文书协调一致，如《卡塔赫纳生物安全议定书》《食品法典》。这是古巴政府利用转基因技术促进农业可持续发展和促进传统农业转型升级的对策。

来源：古巴科学、技术和环境事务部

欧洲种子组织呼吁审查植物品种权法规

2020年8月26日，欧洲多家种子机构联合致信欧盟委员会，合力敦促欧盟委员会改善欧盟的知识产权法律和机制，并建立高效的植物育种部门。

其中，4个农业组织（欧洲种子协会、荷兰种植协会、国际无性繁殖园艺植物育种家协会和国际园艺生产者协会）呼吁审查关于保护社区植物品种权（community plant variety rights，CPVR）的法规。这是由于欧盟知识产权委员会主管知识产权事务的DG Growth在欧盟知识产权路线图中省略了CPVR的部分。该路线图概述了改进欧盟知识产权保护法律和机制的计划，该计划定于2020年第三季度予以通过。

这四家组织认为，已有25年历史的CPVR系统目前已经落后于全球农业、园艺和植物育种技术的最新发展。他们指出2011年发布的CPVR Acquis评估的最终报告要求对基本法规进行修改，但此后没有采取任何相关的行动。

四家组织连同德国、西班牙的国家种子协会以及近20家私营育种公司，也在回应公众咨询欧盟知识产权路线图时强调了这一问题。

来源：EURACTIV

印度允许进行转基因茄子的封闭田间试验

印度中央监管机构——基因工程评估委员会（GEAC）决定2020—2023年允许在印度的8个邦（中央邦、卡纳塔克邦、比哈尔邦、恰蒂斯加尔邦、恰尔肯德邦、泰米尔纳德邦、奥里萨邦和西孟加拉邦）开展两种新的转基因茄子（*Bt* Brinsal）的封闭田间试验。同时强调，转基因作物田间试验安全性报告是今后申请商业性投放的强制性要求。

这一举措可能与印度政府将农业发展的重点放在农业部门的技术干预上，以及追求其“自力更生的印度”（Atma Nirbhar Bharat）的目标相一致，这是印度中央监管机构允许进行生物安全性田间试验的最新决定。该决定允许对印度本土开发的转基因茄子进行生物安全田间试验，从而加速该国转基因技术领域的科学研究。

目前，*Bt*棉花是印度唯一允许商业种植的转基因作物。尽管耐除草剂*Bt*（HtBT）棉花尚未获准在该国种植，但马哈拉施特拉邦和其他几个棉花主产区的农民已经无视现有的对未经批准的转基因棉花品种的禁令，开始种植这种棉花。

来源：爱丁堡大学

美国环保局提议放宽对某些生物技术PIP的监管

美国环境保护局（Environmental Protection Agency，EPA）宣布了一项新规则的提案，该规则将简化对某些（对人类和环境没有危害的）国家重点名录（National Priority List sites，NPL）的监管。EPA还邀请公众就该提案发表意见。

EPA提议根据《联邦杀虫剂、杀菌剂和灭鼠剂法》（Federal Insecticide, Fungicide and Rodenticide Act，FIFRA）和《联邦食品、药品和化妆品法》（Federal Food, Drug and Cosmetic Act，FFDCA）对某些使用生物技术开发的植物合成杀虫剂（PIP）免除监管，EPA认为这些杀虫剂不会对人类或环境构成任何风险。这项提案的目的是通过减少阻碍生物技术产品进入市场的旧法规，向农民提供以科学为基础的农业创新产品，以增加国家的粮食供应。对生物技术开发的PIP免除监管的拟议也旨在帮助开发新的作物保护和害虫防治工具。

总之，如果生物技术开发的PIP所构成的风险低于符合美国EPA安全要求的PIP，并且可以使用常规育种技术进行开发，那么拟议的规则将免除对生物技术开发的PIP的监管。此外，要求开发商须向美国环保局提交相关文件，说明他们的PIP符合豁免标准。

来源：美国环境保护署

欧盟调查显示，迫切需要对基因编辑监管进行改革

在英国环境、食品和农村事务部（Department for Environment, Food and Rural Affairs，DEFRA）即将就英国脱欧后新精确育种技术的监管进行磋商

之前，欧盟植物育种者组织 EuroSeed 对欧洲 62 家植物育种公司进行了调查，调查结果发表在《植物科学前沿》（*Frontiers in Plant Science*）上。英国植物育种协会（British Society of Plant Breeders Ltd., BSPB）强调：该调查发现，当前的基因编辑等新育种技术的潜在投资正受到欧盟现行规则的抑制。

这项调查证实，无论公司规模大小，人们都对在广泛的作物品种和性状上使用新育种技术（new breeding techniques，NBTs）有浓厚的商业兴趣。然而，2018 年 7 月欧洲法院的一项裁决，将使用 NBT 开发的品种归类为转基因生物，对欧盟的研究和投资产生负面影响，这项裁决可能对规模较小的欧洲育种公司打击较大，因为它们没有能力将研究活动转移到欧盟以外。

调查要点如下：

- 受调查的 62 家植物育种公司中，10% 为大型企业（营业额大于 4.5 亿欧元），37% 为中型企业（大于 5 000 万欧元），53% 为小型企业（低于 5 000 万欧元）；
- 100% 的大公司、85% 的中型公司和近 50% 的小公司积极从事与 NBT 相关的研究；
- 研究活动的范围包括技术开发（即改进现有技术）、基因发现和产品 / 性状开发；
- 无论公司规模大小，NBT 研究活动涵盖非常广泛的作物类型（如谷物、蔬菜、水果、油籽、豆类、观赏植物、甜菜、玉米和高粱）；
- 所有公司的 NBT 研究活动还涵盖了广泛的农学、气候保护和面向消费者的特征（如产量、食品 / 饲料质量、抗虫害 / 病害、耐热 / 抗旱和工业非食品应用）；
- 在欧洲法院裁决后，大约 40% 的中小企业和 33% 的大公司停止或减少了与 NBT 相关的研发活动；
- 目前限制 NBT 潜在使用的三大因素：现行欧盟转基因立法下的监管成本和时间表；未来法规的不确定性，包括产品审批的时间表；转基因生物规则下的公众接受程度；
- 如果不将使用 NBT 开发的产品作为转基因生物进行监管，100% 的大公司、86% 的中型公司和近 70% 的小公司将增加与 NBT 相关的研发投资。

来源：Seedquest

阿根廷批准耐旱*HB4*小麦的商业化种植

阿根廷农业部已于日前批准了对 Bioceres Crop Solutions 公司（BIOX）*HB4* 小麦品种的商业化种植，成为世界上第一个对小麦采用 *HB4* 耐旱技术的国家。

耐旱 *HB4* 小麦是由 BIOX 与其商业伙伴合作开发的一种获得专利的种子技术。在过去 10 年进行的田间试验中，在受干旱影响的生长季节，*HB4* 种子品种使小麦单产平均提高了 20%。全球气候变化加剧，严重影响到农业生态系统的稳定性，干旱发生的频率越来越高。除了减轻干旱条件下的产量损失外，*HB4* 还促进了双季种植，即季节性轮作大豆和小麦。当与土壤保护性耕作相结合时，由 *HB4* 种子实现的共享种植系统比传统种植实践能够捕获更多的碳。耕种土地每年每英亩产生的碳封存量相当于一辆汽车两个月的碳排放量。*HB4* 大幅提高了作物产量，同时也有助于将脆弱的农业土地恢复到原生生态系统。

HB4 抗旱技术陆续获得世界主要种植国的批准。继 *HB4* 大豆在美国和巴西种植获得批准后，在阿根廷也获得了监管部门的批准。这 3 个国家是世界主要大豆产区，种植面积占世界大豆总种植面积的近 80% 。

目前，*HB4* 小麦的监管程序在美国、乌拉圭、巴拉圭和玻利维亚正在推进当中。预计澳大利亚、俄罗斯，以及亚洲和非洲的某些国家也将陆续启动对于这项技术的监管程序。

来源：Bioceres 作物解决方案

USDA公布转基因棉花新品种风险评估结果，推进其商业化

美国农业部（USDA）公布了对一种新的棉花品种 *Bt* 性状的初步风险评

估，并建议解除对其的管制。就此，这种新的 *Bt* 棉花品种向商业化又迈进了一步。

该棉花性状（mon88702）由孟山都公司开发，现在为拜耳公司所有。它表达了一种新的 *Bt* 蛋白 MCry51a2，该蛋白针对两种类型的植物害虫，即牧草盲蝽（tarnished plant bug）和西部牧草盲蝽（western tarnished plant bug），并对牧草蓟马有一定的控制作用。

美国农业部动植物检疫局（APHIS）本月发布了两份关于这种性状安全性的评估报告：一份环境风险评估报告和一份植物有害生物风险评估报告。二者都得出结论，该性状不太可能对环境产生负面影响，并建议放松管制。

美国环境保护署已经批准在美国对该品种进行种植，用于农业评估、育种和种子生产，但尚未对其进行全面的商业注册。

来源：DTN

美研究人员呼吁提高基因编辑作物的透明度

北卡罗来纳州立大学（North Carolina State University，NCSU）的研究人员于近期针对美国农业部 2020 年 5 月 14 日颁布的 SECURE（sustainable，ecological，consistent，uniform，responsible，efficient）法规提出质疑和政策性建议，相关论文已于近期发表在《科学》（*Science*）上。

SECURE 法规主要针对基因工程生物的进口、洲际运输和环境释放，建立了一个简化的评估框架，安全评估时主要侧重于植物本身的特性而非其生产方法，意在有效预防植物有害生物风险的同时，减轻植物生物技术研发者的监管负担。该法规预计将免除大多数转基因作物上市前的田间测试和基于数据的风险评估。事实上，美国农业部估计，99% 的生物技术作物将获得这一豁免。

NCSU 的研究人员指出，尽管经过了几十年的酝酿，但 SECURE 法规在提供有关食品供应中基因编辑作物的足够公共信息方面还存在不足。基因编辑作物已经开始进入市场，并变得越来越普遍，考虑到消费者对转基因食品和标签信息的关注，缺乏有关基因编辑作物的公共信息可能会降低公众对转基因作物的信任和信心。

因此，呼吁建立一个由生物技术行业、政府、非政府组织、贸易组织和学术专家组成的联盟，向社会提供有关基因编辑作物的基本信息，内容包括植物的种类、品种、改良性状的类型、通过性状改良所体现的改良品质、作物生长的一般区域以及作物的下游用途等，揭开基因编辑植物或植物产品的神秘面纱，提高食品供应中基因编辑的存在和使用的透明度。

来源：WRAL

欧洲食品安全局对基因组编辑植物给出安全结论

2020 年 11 月 24 日，欧洲食品安全局（EFSA）对基因组编辑植物给出安全结论，指出修饰植物 DNA 的基因组编辑技术不会比传统育种或将新 DNA 引入植物的技术带来更大的危害。

基因组编辑可以高精度地改变动物、植物和微生物的 DNA。这项技术有着广泛的应用——从癌症和遗传疾病的新疗法，到增加牲畜的肌肉。它还可用于生产具有所需性状的植物，如抗病、耐旱或增强营养特性。然而，全社会更加关注的是基因组编辑是否会对人类健康和环境产生不利影响。

目前，在欧盟，基因编辑过的生物体在获得授权之前必须按照转基因立法的规定进行安全评估。欧盟委员会认定，需要制定充分的风险评估准则，要求 EFSA 对其《转基因植物风险评估准则》进行评估。意见主要集中在用于培育作物的三种不同的基因组编辑技术上，分别是定点核酸酶 -1（SDN-1），定点核酸酶 -2（SDN-2）和寡核苷酸定向诱变（ODM）。这三项技术不同于 EFSA 在 2012 年评估的定点核酸酶 3（SDN-3）技术，因为它们修饰基因组的特定区域而不引入新的 DNA。

专家们得出的结论是：现有的《转基因植物风险评估准则》适用于对这 3 种新技术的安全评估。此外，EFSA 的评估意见还将为正在进行的关于新基因组技术的研究提供辅助信息。

来源：欧洲食品安全局

墨西哥政府将对草甘膦和转基因玉米实施禁令

2020 年 12 月 9 日，墨西哥国家监管改革委员会（Mexico’s National Commission for Regulatory Improvement，CONAMER）的官方网站发布了一项法令草案，根据该法令，墨西哥将逐步禁用草甘膦，并停止对供人类食用转基因玉米的消费。该法令目前处于收集意见阶段。

拟议的法令规定，在未来四年内，将逐步禁用草甘膦，在此过渡期内，草甘膦将不允许被用于任何政府资助的项目。根据该法令，组成联邦公共行政当局的机构和实体在其权力范围内采取行动，逐步取代使用、获取、分配，推广和进口被称为草甘膦的化学物质以及该国使用的含有草甘膦作为活性成分的农用化学品，使用其他低毒性农药、生物或有机产品作为替代品，以维持生产，保护人类健康、国家生物文化多样性和环境安全。

该草案还包括一项条款，要求撤销现有和未来的转基因玉米种植许可证和转基因玉米供人类消费的许可证。为了促进粮食安全和主权，保护本地玉米品种、生物文化多样性，以及生物安全。墨西哥主管当局将根据适用法规，在其权限范围内，撤销并避免发放将转基因玉米种子释放到环境中的许可。2024 年 1 月 31 日后，转基因玉米将被禁止用于人类食用。

尽管美国出口到墨西哥的大部分玉米都进入了牲畜饲料行业，但美国进口玉米还被加工生产成谷物、淀粉和其他加工产品。2019 年美国向墨西哥出口了价值 27 亿美元的玉米。墨西哥目前没有转基因玉米的商业种植。

来源：美国农业部海外农业局

规划与项目

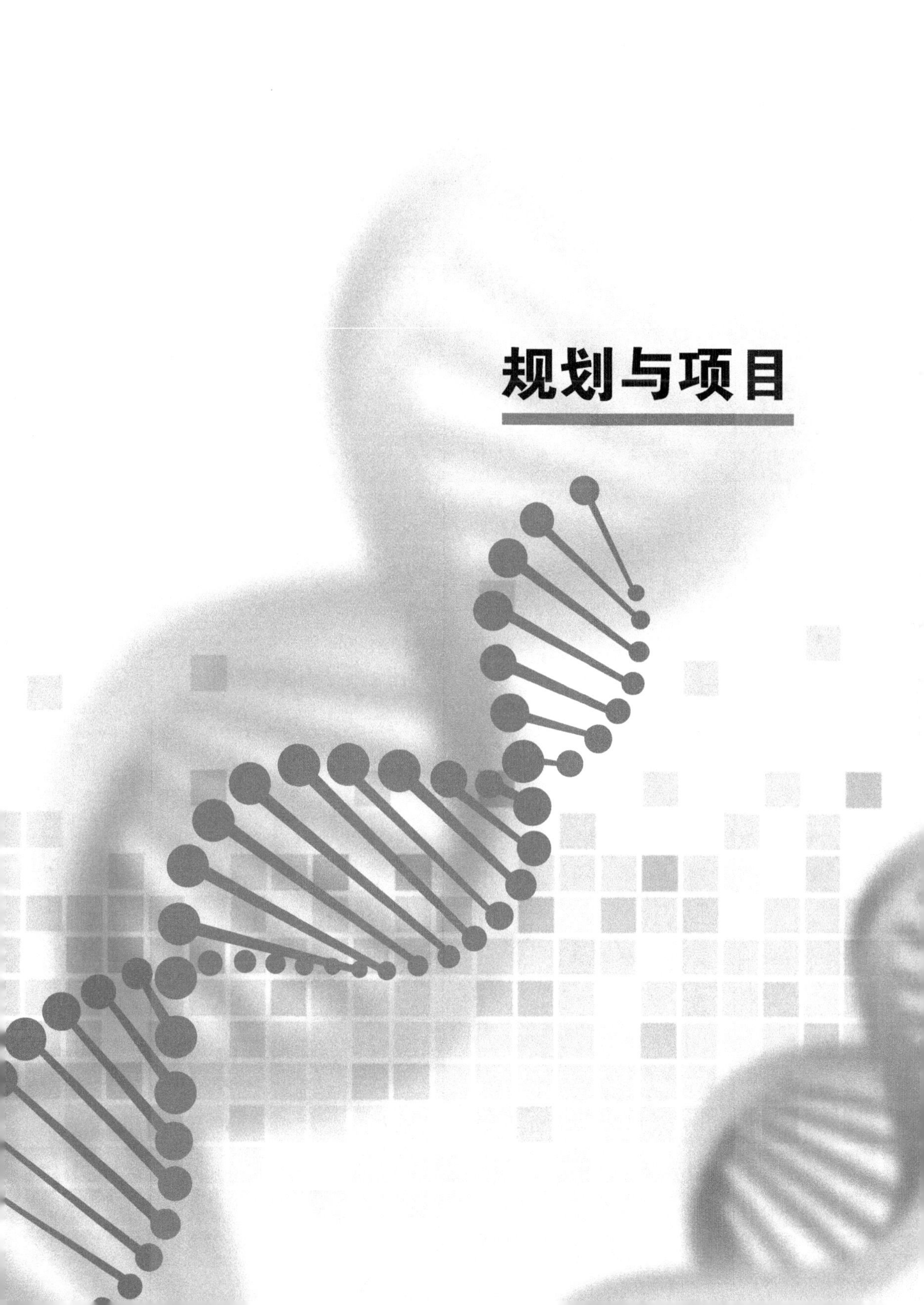

2035年德国种植业战略

德国联邦食品及农业部部长于2019年12月19日公开介绍了有关德国“2035年种植业战略”的讨论文件。这是一项中长期战略，联邦食品及农业部希望通过这一种植业战略来构建德国的可持续农业框架，展示农业发展前景，并在实现农业战略目标的过程中积极支持农业发展。

为何制定此战略

种植业是人类食物之源，为绝大部分食品和饲料提供原料。在过去几十年中，德国种植业生产率得到巨大提升。1900年，一个德国农民只能养活10人；而如今，一个德国农民可以养活155人。但同时，生产率的大幅增长给环境、自然、经济和社会都带来了巨大挑战。德政府希望通过制定一项种植业战略来解决这些问题。

战略内容

该战略的基本内容由联邦食品及农业部和一些联邦州的相关科学家组成的工作组制定，内容共分为6个指导方针和12个行动领域。其中，6个指导方针为德国未来的农业发展提供了框架条件。

指导方针

- 确保食物、饲料和生物原料的供应；
- 确保农民的收入；
- 加强环境和资源保护；
- 保护种植业中的生物多样性；
- 加大对气候保护的贡献并使种植业适应气候变化；
- 增加社会对种植业的接受度。

行动领域

该战略中涵盖了每个行动领域存在的问题和挑战，科学家对此制定了相应的目标和措施。12 个行动领域的基本目标如下：

- 进一步加强土壤保护，提高土壤肥力；
- 增加作物多样性，扩大作物轮作范围；
- 提高肥料利用率，避免养分过量；
- 加强作物综合保护，减少对环境的不良影响；
- 开发适应当地情况的适应性物种和品种；
- 借助数字化工具，最大程度挖掘种植业潜力；
- 增加农业中的生物多样性；
- 研发适应气候变化的种植品种；
- 利用协同作用，扩大种植业的气候保护范围；
- 加强培训和咨询；
- 更加重视农民；
- 为农业战略的实施提供政治和财政支持。

种植业是一个复杂的系统，简单的一揽子解决方法未必行之有效。因此，该种植业战略详细阐述一系列利于对抗挑战的单项措施，为政府同所有利益相关者进行广泛公开讨论提供了基础。

来源：德国联邦食品及农业部

USDA国家301计划2019财年成果

美国农业部农业研究服务部（ARS）的国家计划（NP）301——植物遗传资源、基因组学和遗传改良计划，支持维护、保护、增强和扩展美国遗传资源和信息库的研究，并不断对植物基因、基因组以及生物和分子过程的结构和功能的知识进行储备积累。通过创新的研究工具和方法，该国家计划管理、整合并向不同的全球客户提供大量的遗传、分子、生物学和表型信息。最终目标是提高美国农作物的生产效率、产量、可持续性、恢复力、健康、产品质量和价值。

ARS 在 2019 财年报告中，根据对实现国家规划目标的影响和贡献水平选择了重要成果公布。

第一部分——作物遗传改良

鉴定了玉米基因组中与耐热性和易感性相关的关键部分。得克萨斯州卢伯克市的ARS科学家和艾奥瓦州立大学的合作者们在得克萨斯州进行了田间试验，根据叶片和花的胁迫反应，鉴定出具有超敏热胁迫反应的玉米品系。这些特征是玉米经受热胁迫时减产的原因。随后的基因图谱研究确定了控制这些反应的特定区域，这些区域有可能被育种者用来提高玉米的耐热性。

抗俄罗斯麦蚜虫和青虫的冬饲大麦品种“Fortress”。俄克拉荷马州斯蒂尔沃特的ARS的科学家们将一种俄罗斯抗蚜大麦与一种适应南部平原的抗青虫冬季饲料大麦杂交。经过多年对蚜虫抗性的筛选和反复杂交以及多年的田间评估，最终选择了“堡垒”，这是美国第一个对俄罗斯小麦蚜虫和青虫都有抗性的大麦品种。

适于商业加工的草莓品种。马里兰州贝尔茨维尔的ARS研究人员获得并发布了名为“Keepake”的草莓品种专利，这种春季草莓的果实在田间或冷藏后很少出现腐烂或生理退化的现象。其果实甜度高，风味突出，果肉坚实，适于商业加工。该品种预计对大西洋中部和东北部各州的种植者，特别是必须储存收获的水果以便运往市场的运营者，具有极大的价值。该品种已被送往9个美国和加拿大苗圃进行繁殖，并许可销售。

山核桃的基因组序列。得克萨斯州的ARS科学家与美国和中国大学的研究人员合作，开发了第一个山核桃参考基因组。这项工作的重点是与中国山核桃参考基因组一起开发出新品种——“波尼”，并提供给公众使用。

高产抗病甘蔗新品系。佛罗里达运河点（Canal Point）ARS的研究人员公布了两种具有抗病性的高产甘蔗新品种（CP 12-1743用于淤泥土壤，CP 11-1640用于砂土土壤）。新栽培品种将减轻褐色和橙色锈病和其他胁迫对佛罗里达蔗糖产量和利润的负面影响。来自路易斯安那州的ARS科学家与美国甘蔗联盟合作，和路易斯安那州立大学农业中心共同开发并推出了一种名为“Ho 12-615”的甘蔗新品种。新品种的发布为种植者提供了一种适应性良好的品种。

小麦抗锈病种质的发布。堪萨斯州曼哈顿的ARS科学家们正式发布了三个具有多基因抗病性的硬冬小麦品种。现在，育种家可以在全球范围内利用这些品种作为杂交后代的亲本，培育抗茎锈病的冬小麦品种。

花生抗叶斑病遗传标记的鉴定。为了鉴定与抗性基因相关的遗传标记，佐治亚州提夫顿的ARS研究人员确定了叶斑病的遗传控制基因，并揭示了这些基因如何在花生的分离群体中进行表达。他们鉴定了早期和晚期叶斑病的多重抗性基因，确定了它们的位置，测定了具有抗性的植物的遗传标记。此外，这些基因的遗传标记可以有效地鉴定抗性和易感病的育种品系，证实了在花生育种计划中使用标记辅助选择来同时选择早和晚叶斑病抗性以改善寄主植物抗性的有效性。

黑莓新品种“暮光”和“Hall's Beauty”的发布。俄勒冈州Corvallis的ARS研究人员发布了“暮光”无刺黑莓，它具有极好的水果品质，尤其是好于其他品种的硬度。“Hall's Beauty”无刺拖尾黑莓最适合太平洋西北部，并为种植者提供了另一个种植选择。它既可以机械采摘，也可以手工采摘。

高粱品系对甘蔗蚜虫和青虫的抗性研究。俄克拉何马州斯蒂尔沃特的ARS科学家通过评估大量高粱种质资源，筛选了抗蚜虫的种质资源，随后通过传统育种导入这种遗传抗性。已育成的2个品系：STARS 1801S对甘蔗蚜虫和灰霉病均有遗传抗性，STARS 1802S对甘蔗蚜虫与黑穗病均有抗性。这些新的抗性资源已经可供高粱群落使用，并且将直接有助于高粱的遗传改良，可以成功地帮助高粱生产者保护其作物免受这种严重的蚜虫害虫侵害。

利用外来种质资源拓宽棉花育种的遗传基础。南卡罗来纳州佛罗伦萨和得克萨斯州大学站的ARS科学家们评估了从国家植物种质系统中获得的外来陆地棉花品种在棉花育种中的潜力。这些外来棉花品种不像许多外来棉花品种那样需要短日照才能开花，并且代表了棉花育种计划中尚未开发的丰富多样性。科学家们证明，利用这些外来的材料产生的后代具有广泛的遗传多样性和良好的纤维品质。

不同异域亲本的改良大豆品种。ARS的研究人员在密西西比州的斯通维尔、伊利诺伊州的厄巴纳和田纳西州的杰克逊公布了一个新的、带有遗传多样性的高产大豆种质品系。LG03-4561-14 25%衍生自外来亲本，是第一个在其系谱中含有PI445837的改良大豆种质品系。LG03-4561-14已注册在《植物注册杂志》上，种子长期储存在科罗拉多州柯林斯堡，并在伊利诺伊州厄巴纳进行维护和分配。该种质是第一个来自于外来资源的成熟类群III号种质资源（Maturity Group Ⅲ germplasm），已在美国南部投入使用。德国和印度的大豆育种家已对该品种提出需求。该品种正在美国国内用于多个公共大豆育种计划。

第二部分——植物和微生物遗传资源和信息管理

抗矮化病小麦育种的新工具。爱达荷州阿伯丁的ARS研究人员和来自爱达荷大学和犹他州立大学的合作者将基因组分析与重复的田间试验相结合，从阿伯丁ARS国家小谷粒收集中心的样品中识别出对矮秆病具有抗性的样品，然后，利用遗传信息在基因组上定位抗性因子，并识别出与矮化病抗性相关的遗传标记。

为树木育种提供一种更有效的遗传数据分析方法。美国ARS在佛罗里达州迈阿密的研究人员，以及来自佛罗里达国际大学、佛罗里达大学和澳大利亚昆士兰农业和渔业部的合作者，开发了一种更有效的方法来分析芒果和鳄梨种质和杂交品种的DNA基因型数据。该方法可以区分特定品种和所有其他品种，并识别自花授粉的个体和特定树木的可能父本。确定自花传粉的个体特别重要，它可以帮助发现有害的性状，并将之从育种种群中消除。利用这种方法，育种者可以在苗期早期确定育种砧木的遗传含量，优化育种效率，加速遗传增益。

导致大豆干旱期间冠层缓慢萎蔫基因的发现。马里兰州贝尔茨维尔的ARS研究人员与密苏里大学、北卡罗来纳大学和堪萨斯州立大学的同事一起破译了两种大豆在有限水分条件下提高产量的生理和遗传机制，并验证了在干旱条件下保护大豆产量的主要遗传因素。该研究通过基因克隆、编辑、基因转移等途径，为提高大豆的抗旱性提供了遗传资源。

用于核桃研究和育种的强大的新基因组工具。加州大学戴维斯分校的ARS研究人员应用了一种新的基因组测序工具，生成了一个新的、更完整的基因组序列，用于英国核桃和一种野生核桃（一种潜在的重要核桃砧木）的种间杂交。他们在两个核桃品种的亲本基因组中鉴定、分类和定位了抗病基因，并研究了它们的染色体分布。这些信息为指导核桃育种提供了有价值的新工具。

为研究和育种确定最佳胡萝卜种质提供更有效的方法。利用大量胡萝卜种质样品的基因组测序数据和园艺性状数据，威斯康星州麦迪逊的ARS研究人员和威斯康星大学的合作者测试了是否可以为特定的育种目的构建自定义核心子集。值得注意的是，基因组测序数据并不能有效地设计出最优子集。但增加核心子集的大小确实提高了预测有用样本的准确性，这表明，通过扩大自定义子集的大小来代表整个基因库集合中最重要的遗传多样性，可以改进自定义子集的效用。这一发现表明，选择这种定制子集的方法应包括足够大量的样本，以充分代表整个集合中的遗传多样性。

具有独特新基因的大豆近缘野生种。位于马里兰州贝尔茨维尔的ARS科学家定义了多年生大豆物种的遗传多样性和系统发育关系。他们发现了一种多年生植物：*Glycine canescens*，它具有较高的遗传多样性，并确定来自澳大利亚西部干旱和温暖地区的3个品系与来自澳大利亚中部和东部的其他8个品系在遗传上是不同的。3个来自西澳的多年生品系可用作有价值的大豆基因的供体，帮助提高抗热、抗旱和抵御害虫的能力。

山羊草基因赋予小麦抗病性。位于北达科他州法戈的ARS研究人员对山羊草的品系进行了研究，以确定哪些山羊草的染色体携带抗病基因，确定山羊草染色体与小麦染色体的关系，并发现与每个山羊草染色体相关的分子标记。结果表明，叶锈病抗性与B染色体有关，白粉病抗性与D、E、F、G染色体有关，茎锈抗性与C、D染色体有关。这些疾病数据、分子标记和染色体组将有助于将这些抗病基因转移到小麦中。

第三部分——作物生物学和分子生物学过程

农业微生物的创新应用。西弗吉尼亚州科尔内斯维尔的ARS科学家发现一种真菌菌株（*Cladosporium spaerospermum* TC09），这种真菌在实验室和温室条件下能显著促进植物生长。例如，辣椒植株预先暴露在TC09中，提前20天种植在温室中，其果实产量比未经处理的对照植株高出213%。总之，*Cladosporium spaerospermum* TC09是一种强大的新工具，可以提高受保护的环境和田间环境中的作物生产力，商业合作伙伴正在对其进行开发应用。

对Bt抗性根虫的敏感性恢复。西方玉米根虫已经进化出了对几乎所有针对其缓解的管理策略（包括*Bt*玉米）的抗性。利用抗Bt和对Bt敏感的根虫菌株，密苏里州哥伦比亚的ARS研究人员评估了玉米根虫被喂食*Bt*玉米或非*Bt*玉米后产生的核糖核酸（RNA），并鉴定了与抗性相关的基因。他们利用这些信息合成了一种称为dsRNA的RNA，在这种RNA中，已经识别出的抗性基因被“敲除”（中和），然后将这种 dsRNA 导入新的易感和耐药的根虫中。含有抗性基因的 dsRNA 恢复了抗性根虫株对 Bt 的敏感性，而易感根虫则保持了对 Bt 的完全敏感性。这是第一次在敲除抗性基因后恢复玉米根虫对 Bt 的敏感性。

作物生物工程的创新。加州奥尔巴尼的 ARS 研究人员证明了利用重组酶技术（GAANTRY）通过核酸转移在农杆菌中进行基因组装，可以在马铃薯中高效装配和导入多达 10 个基因。该系统被证明可以有效地产生高质量的转基因马铃薯植株，这些植株携带所有引入的基因，并表现出所需的性状。该技术已通过 20 份材料转让协议转让给工业和大学实验室。该技术使得有效改善马铃薯及相关作物的复杂性状成为可能。

第四部分——作物遗传学、基因组学和遗传改良的信息资源和工具

作物基因组序列是粮食安全的关键。2019 年，ARS 的科学家和大学合作者对花生、新大陆棉花、野生大豆、豇豆和李子的基因组序列进行了测序、整理和发布，并发表在《自然遗传学》《基因组生物学与进化》《自然通讯》《植物杂志》上。

大豆拟茎点种腐病（Phomopsis seed decay in soybean）苗期筛选新方法。密西西比州斯通维尔的 ARS 研究人员建立了一种在苗期快速筛选大豆抗拟茎点种腐病的苗期接种和评价方法。这种创新的扦插育苗接种方法的结果与用成熟种子进行试验获得的结果相当。该研究可以在不必等待整个生长季节结束的情况下进行种子测定。此外，这种方法可以使病原体在测试的大豆种子上的分布更加均匀，从而减少逃逸的机会。该方法已被美国和中国其他实验室的公共大豆育种家采用。

为改善黄豆的消费特性而进行的研究。黄豆的收集是由位于密歇根州东兰辛的 ARS 研究人员与大学合作者共同完成的，包括 306 个不同来源的黄色种皮基因型。他们在 296 个基因型中鉴定了 52 622 个与烹调时间相关的遗传标记。作为这项工作的结果，育种家将发现更容易使用基因组和标记辅助育种来改善黄豆的消费特性。

来源：美国农业部

美国发布新计划，帮助消费者更好地了解转基因食品

美国食品药品监督管理局（U.S. Food and Drug Adminis-tration，FDA）联合美国环保署（U.S.Environmental Protection Agency，EPA）和美国农业部（U.S. Department of Agriculture，USDA）发布了一项新的计划，这项名为“Feed Your Mind”的教育计划旨在回答消费者有关转基因生物的最常见问题，包括如何监管它们以及它们是否安全健康。美国国会的《2017年综合拨款法案》（Consolidated Appropriations Act of 2017）为该计划提供了资金支持。

“Feed Your Mind”计划分阶段启动。已组成指导机构和工作组，通过召开公开会议、公开官方文件、发布教育资源等方式让计划分步骤落地。

3个政府机构已组成一个指导委员会和几个由机构领导人和专家组成的工作组；通过两次公开会议征求了利益相关者的意见；公开官方文件以接受公众的评论意见；审查与消费者对转基因食品的理解有关的最新科学研究。

已经发布的材料包括一个新的网站、情况说明书、信息图表和教育视频。FDA的一个教育视频指出，转基因大豆具有更健康的油脂，可以用来替代含有反式脂肪的油脂。部分材料强调了减少作物表皮的擦伤和褐变如何有助于减少食物浪费。高中的补充科学课程和为卫生专业人士和消费者提供的资源将于2020年晚些时候和2021年发布。

FDA局长、医学博士Stephen M. Hahn指出，当今的民众对转基因作物存在误解，需要更好地了解转基因品种的优势。虽然消费者从20世纪90年代初就可以接触到源自转基因植物的食品，这类食品也已成为当今食品供应的一个普遍组成部分，但人们对于它们仍有很多误解。这项计划旨在帮助人们更好地了解这些产品是什么以及它们是怎么被制造出来的。育种者已经利用基因工程技术培育出诸多带有抗虫、抗病性状的新的植物品种，新品种具有更好的营养价值，也具有更多其他优势。

USDA负责营销和监管项目的副部长Greg Ibach指出，希望通过与FDA和EPA的合作让消费者认识到转基因作物的价值。农民和牧场主致力于以理想的方式生产食品，以满足甚至超出消费者对食品新鲜度、营养含量、安全性等方面的期望。USDA期待与FDA和EPA的这次合作，能确保消费者了解基因工程等工具在满足这些期望方面的价值。

EPA化学品安全和污染防治办公室助理署长Alexandra Dapolito Dunn表达了希望通过部门间的合作，推动农业创新的愿景。

来源：美国农业部

美国农业部2021财年预算报告（育种部分）

美国农业部支持各种农业研究课题，农业研究局（ARS）是其主要科学研究机构，致力于解决范围广泛、国家重点的技术问题，并提供获取科学信息的途径。ARS目前在美国国内90个研究地点和海外多地开展了大约690个研究项目。

ARS 2021年的预算为14亿美元的可自由支配资金，用于支持其研究，重点是基础研究，并努力支持研发产品向产业转移，以创新促进国家的经济增长。育种相关的预算情况如下。

畜禽生产计划

该计划预算为1.07亿美元。计划目标：①保护和利用动物遗传资源、相关的遗传和基因组数据库以及生物信息工具；②发展对畜禽生理学的基本认识；③开发可用于改进畜牧生产系统的信息、工具和技术。该计划的研究主要集中在基因组技术的开发和应用上，用于提高牛肉、乳制品、猪、家禽、水产养殖和绵羊系统的效率和产品质量。

作物生产计划

该计划预算为2.8亿美元。ARS的作物生产计划侧重于开发和改进减少作物损失的方法，同时确保安全和稳定的粮食供应。该研究计划专注于有效的生产战略，对环境友好，对消费者安全，并与可持续和盈利的作物生产系统兼容。研究活动旨在保护和利用植物遗传资源及其相关的遗传、基因组和生物信息数据库，以便选择性状显著改善的品种和（或）种质。

来源：美国农业部

美国OFRF拨款部署有机种子开发

在美国，有机农场主能够购买到的适合有机生产地区种植的品种较少。

据美国有机农业研究基金会（OFRF）对有机生产者的全国调查，受访者普遍表示有机种子品种有待改良。为此，OFRF 部署了四项拨款，以支持研究人员 / 农民在作物育种和有机种子开发领域的合作。

第一项拨款提供给安大略生态农民协会的 3 个育种项目，旨在通过支持农民主导的育种项目，为安大略省南部和美国东北部培育出适应当地气候变化、适合当地低投入有机系统的蔬菜品种。第二项拨款用于有机小麦和燕麦品种的选育和田间育种评估。该项目将对有机小麦和燕麦的基因改良进行研究，并将与全国现有和潜在的植物育种机构共享研究成果。第三项拨款提供给 Fertile Valley Seeds 种业公司，用于培育具有优良抗病性的番茄，特别是抗晚疫病和对一些其他常见病害具有抗病性的番茄。第四项拨款提供给 Rocky Mountain Seed Alliance 种子联盟，该研究将通过农民的参与，探索传统谷物品种对土壤健康、气候适应、杂草压力和昆虫压力的影响。该项目收集到的研究数据将发表在《传统谷物试验手册》上，在线免费开源共享，以增加和强化人们对于这些独特品种的认知。

来源：Seedquest

美国2021财年植物基因组研究计划（PGRP）

美国国家科学基金会（NSF）于 2020 年 10 月 7 日发布了 2021 财年植物基因组研究计划（PGRP），该计划支持对基因组规模的研究，旨在解决具有挑战性的生物学、社会学和经济学问题。2021 财年总资助金额预计为 3 000 万美元，10 ～ 15 个研究项目将获得该计划的资助。

PGRP 的总体目标：①支持研究植物基因组结构和功能的前沿研究，从合成生物学到广泛的比较方法，致力于生成和整合大规模数据集，以研究具有社会影响力的基本生物学过程；②开发创新工具、技术和资源，推动植物功能基因组学研究向前发展。

PGRP 接受的项目提案将分为两个部分。

1. 基因组规模研究（RESEARCH-PGR）

提案内容包含但不仅限于以下领域：

- 多基因组 / 表观基因组与环境的相互作用
- 植物和伙伴生物之间的生物和非生物相互作用
- 将基因组与表型联系起来的高通量表型
- 将工程学、机器学习和定量建模融入研究活动
- 在科学学科（包括植物生理学、生态学、进化和植物发育）之间或不同机构、私营部门、国家之间建立桥梁
- 将基础研究与农业相关的应用成果联系起来

2. 工具、资源和技术研究（TRTech-PGR）

提案内容包含但不仅限于以下领域：

- 新的组学数据集以及用于改进和完善它们（从单细胞方法到泛基因组）的工具
- 功能基因组资源和工具箱，特别是那些能够实现植物合成生物学方法的资源和工具箱
- 克服植物转化瓶颈的新方法、新工具或新技术，尤其是改善植物再生、提高基因型独立性或规避组织培养、促进公共部门转化的新方法、新工具或新技术
- 推进基因组 / 表观基因组编辑技术的技术
- 利用机器学习方法以及人工智能工具对现有的大型数据集进行挖掘、重复使用、重新配置，对新生成的数据集进行深度分析
- 可应用于现有或新的数据集的成像和数据可视化方面的进展。

来源：美国国家科学基金会

欧盟将于未来两年推出逾百亿欧元的农业复苏基金

2020 年 11 月 10 日，欧盟农业部门已就农业复苏基金的推出达成临时协议，在 2021—2022 年的两年时间里，将通过被称为共同农业政策（CAP）第二支柱的农村发展基金向农民提供超过 100 亿欧元的资金支持。这些资金旨在帮助农业部门从 COVID-19 大流行造成的中断中恢复过来。

欧洲议会、理事会和委员会已就向欧盟农民和食品生产商提供 80 亿欧

元的援助达成了机构间协议，为部署复苏基金铺平了道路。2021 年，农民将能够从下一个农村发展基金中获得额外的 26 亿欧元作为首付款，这是更广泛的多年财政框架的一部分。

至少 37% 的复苏基金被指定用于有机农业、与环境和气候相关的活动以及动物福利，而至少 55% 的基金将用于支持年轻农民的创业和农场投资，以促进前瞻性的复苏。剩下的 8%，会员国可选择在他们认为合适的范围内使用，但须在可持续发展的总框架内使用。

协议文本预计将在 12 月的议会全体会议上获得通过，目前协议没有任何修改。在 2021 年 1 月 1 日生效之前，商定的 CAP 过渡规则必须得到议会和理事会的批准。

来源：EURACTIV

美国农业部2021财年“特种作物研究计划”开始项目征集

2020 年 11 月 19 日，美国农业部国家粮食与农业研究所（USDA-NIFA）开始 2021 财年“特种作物研究计划（SCRI）”项目征集，该计划的总预算为 8 000 万美元。法律将特种作物定义为水果、蔬菜、坚果、干果以及园艺和苗圃作物，包括花卉栽培。该项目旨在通过资助研究和推广，满足特种作物行业的需求，以应对国家、地区和多州在粮食和农业生产（包括传统农业和有机农业）中的重要挑战。

项目申请包括以下 5 个重点领域：

- 研究植物育种、遗传学、基因组学和其他改善作物特性的方法。
- 识别和应对病虫害的威胁，包括对特种作物授粉媒介的威胁。
- 提高特种作物生产效率、处理、加工、生产能力和长期盈利能力（包括特种作物政策和营销策略方面的研究）。
- 技术创新，包括机械改良，以及对延缓或抑制成熟的技术的改进。
- 在特种作物的生产效率、处理和加工过程中，预防、检测、监测、控制和应对潜在食品安全危害的方法。

来源：美国农业部

欧盟植物育种部门在专利对创新的影响上意见不一

欧盟委员会（European Commission）于 2019 年 11 月通过了其知识产权计划，该计划被誉为未来增长的驱动力，但对于知识产权是否利于农业创新这一问题，植物育种业内人士持不同观点。

知识产权计划旨在帮助企业，特别是中小型企业，充分利用他们的发明和创造。欧盟发改委在一份声明中表示，知识产权（IP）帮助企业对无形资产进行估值，是经济增长的关键驱动力。该计划以一种平衡的方式，促进受知识产权保护的知识和技术的获取，促进对知识产权的保护。知识产权也是支持欧盟绿色协议实施的一个新的重要组成部分，该协议包括欧盟的旗舰食品政策——“从农场到餐桌战略”。然而，有业内人士指出，尽管随着生物技术的发展，专利法正变得越来越重要，但知识产权制度对农业领域关注不足，未能反映农业部门的复杂性。

此外，尽管植物育种部门的成员一致强调创新的必要性，但他们对于专利在实现这一目标中的作用存在分歧。相当一部分业内人士认为，所有的创新者都需要一个稳定的、可预测的知识产权保护框架，以确保创新者和创新的使用者都能获得法律上的明确保障，在农业和植物育种领域尤其如此。这一领域的创新依赖于大量投资，只有在提供法律保护的可预测的保护框架下，这些重大的投资才有可能实现。如果没有强有力的知识产权保护，对该领域的投资将会下降。但也有利益攸关方警告称，以知识产权为基础的经济体追求生产的统一，而不是鼓励多样性，从而导致市场的集中和垄断。垄断扼杀了竞争，减少了必要的创新，提高了种子的成本，并使社会越来越依赖少数公司。知识产权和生物多样性是相互排斥的。

来源：EURACTIV

植物育种计划的减少可能影响粮食安全

华盛顿州立大学（Washington State University）园艺学教授 Kate Evans 领导的一个科学小组发现，公共植物育种项目的资金和人员都在减少。Evans

是华盛顿州立大学梨果育种项目的负责人。这项研究由美国农业部国家粮食与农业研究所、国家科学基金会以及美国植物育种家协会资助。研究结果发表在《作物科学》（*Crop Science*）杂志上。

植物育种项目科研人员的工作时间有所减少，部分负责人接近退休年限。研究人员对全国 278 个植物育种项目进行了调查，公共项目主要是由美国农业部发布或基于公立研究型大学的项目。在调查中，受访者估计，在过去五年中，全职项目负责人的工作时间减少了 21.4%，全职技术支持人员的工作时间减少了 17.7%。研究人员还发现，相当数量的植物育种项目负责人即将退休。在参与调查的项目中，超过 1/3 的项目负责人年龄超过 60 岁，62% 的项目负责人年龄超过 50 岁。

公共植物育种项目的减少对粮食安全有直接影响，也会对地方育种计划产生影响。植物育种是国家长期粮食安全的基础。植物育种有多种形式，从抗病、增产、改善口感到提高抗旱能力。各地区的育种计划都非常注重培育适应当地特点的作物，帮助种植者消除现有的或潜在的病虫害。对于植物育种项目投入的减少无疑会对国家的粮食安全和地方育种计划产生不利影响。

来源：华盛顿州立大学

GLP发布全球基因编辑法规追踪器和索引

基因素养项目（The Genetic Literacy Project/GLP）在其官方网站上发布了该项目开发的两个交互式工具，两个工具可用于在全球范围内跟踪和索引基因编辑研究和基因编辑法规，帮助阐明法规如何鼓励或阻碍创新。

“全球基因编辑法规跟踪器和索引”（The Global Gene Editing Regulation Tracker and Index）总结了每个国家在农业、医学和基因驱动领域的基因编辑法规，以图片的形式提供了每个国家的法规时间表，并指出了哪些产品和疗法正在准备中。追踪器的另一个重要特征是可以提供有关基因编辑评论家以及致力于为该技术提供机会的科学家和公共利益团体的反应信息。

由 GLP 与消费者选择中心（Consumer Choice Center）合作开发的“基因编辑监管指数”（Gene Editing Regulatory Index）可作为跟踪器的辅助工具，

将跟踪器中的信息转换为可量化的索引，对国家之间的数据进行比较。它可以用来显示哪些国家在法规监管方面较为保守。

GLP“全球基因编辑法规跟踪器和索引”访问链接：

https://crispr-gene-editing-regs-tracker.geneticliteracyproject.org/

来源：ISAAA，GLP

欧盟研究项目INCREASE：欧洲食用豆类遗传资源收集

来自14个不同国家的28个国际合作伙伴组成的联盟通过虚拟会议启动了一项新的欧盟研究项目：INCREASE（Intelligent Collections of Food Legumes Genetic Resources for European Agrofood Systems）。该项目通过研究欧洲四种重要的传统食用豆科植物（鹰嘴豆、菜豆、小扁豆和羽扇豆）的植物遗传资源状况，旨在开发有效的保护手段和方法来促进欧洲农业生物多样性的可持续发展。

食用豆类提供重要的植物蛋白，但育种投入严重不足

食用豆科植物遗传资源的保护、价值评估及其在欧洲农业中的利用构成了欧洲可持续农业和健康食品的核心发展领域。事实上，2019年政府间气候变化专门委员会题为“气候变化与土地”（https://www.ipcc.ch/report/srccl/）的报告指出，向新型植物性饮食的过渡可以帮助适应和缓解当前的气候变化状况，同时也非常有益于人类健康。在许多欧盟地区，人们的植物蛋白摄入量正在上升，肉类和乳制品替代品市场的年增长率分别为14%和11%。为了应对日益增长的对创新产品的需求，顺应人们对健康、环保食品的需求，需要通过作物育种获得新的品种，必须合理利用现有的遗传资源。

然而，在食用豆类领域，对于育种的投资和研究一直很有限，导致这些重要的主要粮食作物的遗传潜力在很大程度上没有被发掘。

采用前沿育种技术，并设法吸引多方的投资和参与

INCREASE将结合植物遗传学、基因组学和高通量表型（包括分子表

型，如转录组学和代谢组学）的前沿方法，以及信息技术和人工智能的最新进展，促进欧洲作物遗传资源的保护，并促进对其作物遗传资源的使用和价值评估。

INCREASE 项目将以鹰嘴豆、普通菜豆、小扁豆和羽扇豆为研究重点，实施一种保护、管理和鉴定遗传资源特征的新方法。该项目有望吸引更多的私人和公共投资，促进豆类食品育种。此外，使拥有描述准确且管理完善的涵盖所有物种的遗传资源成为可被获取、利用的资源，对于欧盟在农业绩效和可持续性方面具有竞争优势至关重要。

植物遗传学专家指出，事实上，利用作物遗传资源是有效保护它们的关键。该项目将通过一个专门的利益攸关方联盟，让包括中小企业、研究机构和非政府组织在内的许多利益攸关方参与进来，以促进他们融入该项目。

利用民众参与的形式，推动遗传资源的保护和利用

INCREASE 项目以欧洲共同体开放科学、开放创新和向世界开放的原则为指导，将利用数字技术使科学和创新更具合作性和全球性。为此，该项目将通过建立一个公民科学实验来测试遗传资源保护和管理的分散化方法。2021 年初，该项目将向欧洲公民和农民分发超过 1 000 种不同的普通菜豆品种，让他们在田间、自家花园或梯田进行种植评估。公民将通过专门开发的移动应用程序，获得豆类生物多样性知识，并积极参与评估和保护活动，以及在新的法律框架下分享和交换种子。这也是植物遗传资源团体（community）共享利益、促进正确利用植物遗传资源的重大创新。

来源：欧盟委员会

WUR参与新的欧盟项目，以提高番茄品种的适应性和质量

番茄是驯化作物的典范，但是随着其遗传多样性的降低，越来越容易受到新出现的病害和气候变化的影响。

欧盟研究项目 HARNESSTOM——“利用番茄遗传资源的价值为现在和未来服务”是一个为期 4 年的合作项目，于 2020 年 10 月 1 日启动，预算总

额为807万欧元。项目协调员召集了来自7个国家22个合作机构的跨学科专家小组。创新项目伙伴包括中小企业、大型养殖公司、科技公司、非政府组织、农民协会和学术机构。

瓦赫宁根大学（WUR）的研究人员也参与了HARNESSTOM。该项目旨在证明，越来越多地使用遗传资源是保障食品安全的关键，也将为所有利益相关方带来创新和利益。在这个项目中，育种公司、科学家和农民将在未来4年内联手提高番茄品种的适应性和质量。

HARNESSTOM将开发以下4个前育种（Prebreeding）项目，以应对该领域的主要挑战：

- 引入对主要新发病害的抗性；
- 提高番茄对气候变化的耐受性；
- 提高番茄品种的质量；
- 通过参与式育种提高传统欧洲番茄的抗逆性。

HARNESSTOM另一个目标是提高前育种的速度和效率，以及时有效地应对新出现的挑战。项目由学术界和产业界合作领导，两个非政府组织也参与其中，这都保证了项目的成果将对产业创新和社会发展产生影响。HARNESSTOM还建立了一个有效的管理、外联和交流平台，以确保项目顺利运行，并保护所有利益相关方的利益。

来源：Seedquest

IITA和拜耳启动现代育种项目

国际农业研究磋商组织（CGIAR）下属的国际热带农业研究所（IITA）与拜耳公司合作实施的一个新项目正式启动，该作物改良项目由比尔和梅林达·盖茨基金会资助，资助金额为120万美元，项目周期为30个月。作为领先的私营种子公司，拜耳将提供120万美元的实物支持，并以技术投入的形式参与项目。

该项目将建立一个更有效的植物育种系统，为非洲的关键作物开发优良品种。工作重点是确保IITA指定的作物（木薯、玉米、豇豆、香蕉、山药和大豆）实现尽可能高的产量。

该项目的受益者是1亿多名小农户，他们在撒哈拉以南非洲潮湿到半干旱地区种植了IITA授权种植的作物，种植面积约为6 000万公顷。这些国家包括布基纳法索、刚果民主共和国、加纳、马拉维、马里、尼日尔、尼日利亚、卢旺达、坦桑尼亚、乌干达和赞比亚。

这项资助将有助IITA取得以下成果：

- 提高所有IITA育种计划的生产力，以增加遗传增益；
- 通过与公共和私营部门建立伙伴关系，有效开发和交付新产品；
- 建立每年测量遗传增益的系统和有助于遗传增益的组成部分；
- 运行成本（如初步试验和高级试验的每个地块的成本）追踪系统；
- 采用改进的表型分型方法、试验设计和农艺管理，以及分子标记的标准化使用和先进的数据管理工具。

前期合作

IITA和拜耳公司之前就豇豆育种现代化进行了合作，通过培训IITA和国家项目的种植者、采用现代育种方法、引入更有效的育种协议和研究管理实践、改进测试方法和战略，使育种工具和基础设施现代化，并在育种过程中加强合作伙伴之间的合作。

该项目的最终成功包括采用持续改进育种计划的文化理念，和工作人员思维模式的积极转变。这种方法与其他计划和合作伙伴的参与相结合，将进一步加强向终端用户有效交付市场首选产品的能力。

来源：Agropages

生物技术年报及分析

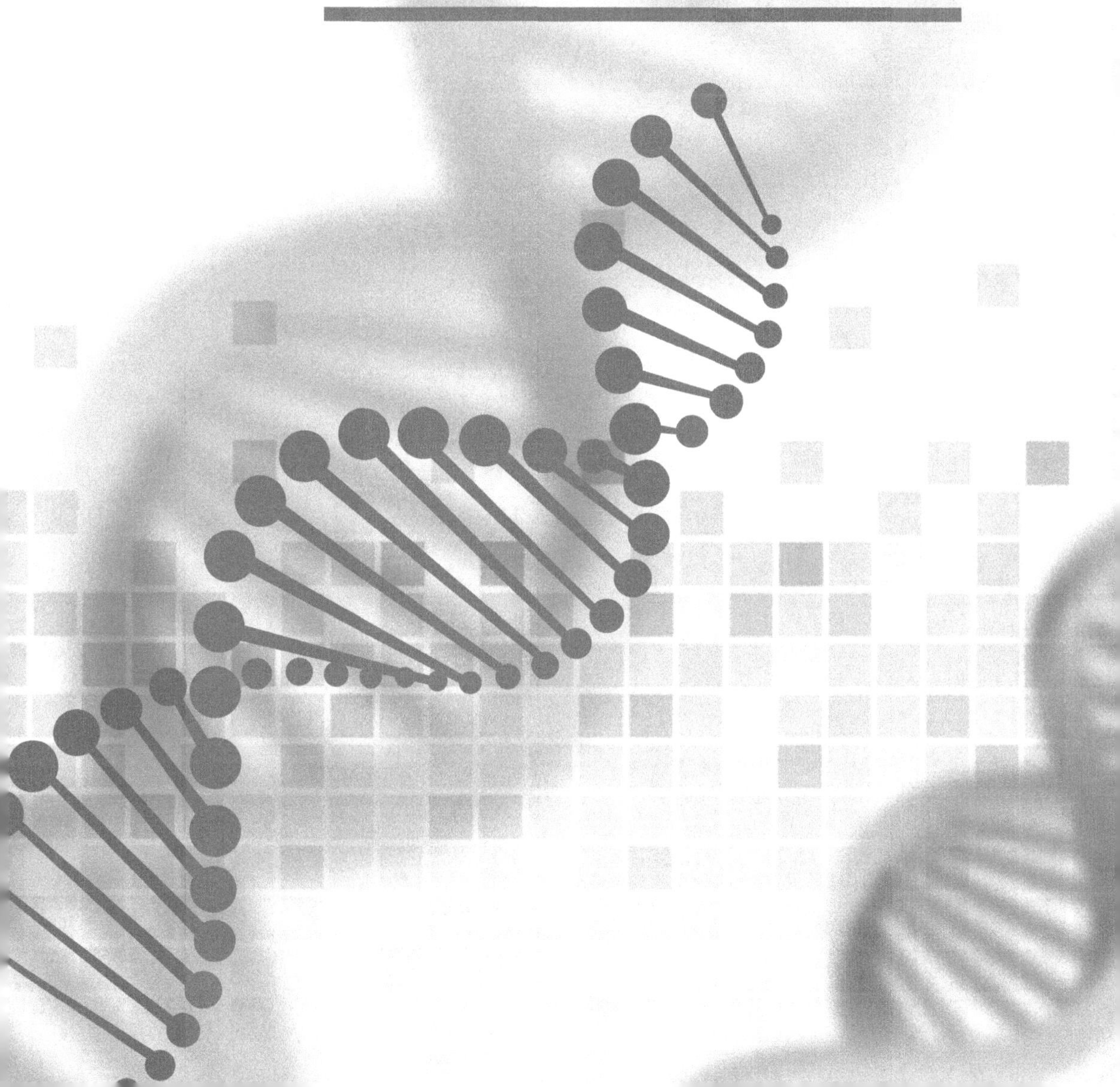

全球2019年生物技术作物种植概况

2020年11月30日，国际农业生物技术应用服务组织（ISAAA）发布了《全球2019年生物技术作物年度报告》，要点如下。

（1）2019年，全球生物技术作物的种植面积略有下降，为1.904亿公顷，比2018年（1.917亿公顷）下降0.7%。

（2）2019年，五大生物技术作物种植国家的生物技术应用率再次上升，接近饱和，其中美国为95%（大豆、玉米和油菜籽应用率的平均值），巴西为94%，阿根廷为100%，加拿大为90%，印度为94%。

（3）生物技术作物自1996年至今增长了112倍，累计种植面积达27亿公顷，生物技术成为世界上投入应用最快的作物技术。

（4）总计有71个国家应用了生物技术作物，其中29个国家种植了生物技术作物，其他42个国家进口了生物技术作物。29个国家包括24个发展中国家和5个发达国家，其中，发展中国家的生物技术作物种植面积占全球种植面积的56%，而发达国家则为44%。另有42个国家/地区进口了用于食品、饲料和加工的生物技术作物。

（5）生物技术大豆的种植面积占全球生物技术作物种植面积的48%。29个国家种植最多的生物技术作物是大豆、玉米、棉花和油菜。生物技术大豆种植面积为9 190万公顷，比2018年减少4%。其次是玉米（6 090万公顷）、棉花（2 570万公顷）和油菜籽（1 010万公顷）。从全球单一作物的种植面积看，2019年，79%的棉花、74%的大豆、31%的玉米和27%的油菜是生物技术作物。

（6）2019年，生物技术作物为消费者提供了更加多样化的产品。生物技术作物在四大作物（玉米、大豆、棉花和油菜）的基础上，为全球消费者和粮食生产者提供了更多的选择，其中包括茄子、菠萝、甜菜、苜蓿和甘蔗。此外，公共部门和其他机构进行的生物技术作物研究涉及具有重要经济意义和营养价值的水稻、香蕉、马铃薯、小麦、鹰嘴豆、木豆和芥末。

（7）具有抗虫性和除草剂耐受性的堆叠性状（IR/HT）的生物技术作物种植面积增长了6%，占全球生物技术作物种植面积的45%，超过耐除草剂性状作物的种植面积。

（8）五大转基因作物种植国（美国、巴西、阿根廷、加拿大和印度）种植了1.904亿公顷，占全球生物技术作物总种植面积的91%。美国在2019年以7 150万公顷位居生物技术作物种植榜首，其次是巴西（5 280万公顷）、阿根廷（2 400万公顷）、加拿大（1 250万公顷）和印度（1 190万公顷）。

来源：ISAAA

法国2019年农业生物技术年度报告

2020年2月20日，美国农业部海外农业服务局发布了《法国2019年农业生物技术年度报告》，主要内容如下。

法国当局批准进口转基因产品，但限制研究和禁止种植转基因作物。目前的情况在短期内没有改变的迹象。

一、植物生物技术

（一）产品研发

法国在涉及转基因的农业生物技术方面所进行的研究非常有限，仅完成了一些基础研究。由于转基因反对者一再对试验田进行破坏，法国没有进行转基因作物的实地试验。在未来几年内，预计不会将通过基因工程或其他创新生物技术生产的植物商业化。

法国目前的农业生物技术在研项目，名为“天才项目”（Genius project）。该项目2012年启动，为期8年，是一个公私合作的项目，旨在展示在各种植物（玉米、小麦、水稻、油菜、番茄、马铃薯、苹果树、杨树、玫瑰树）中进行基因组编辑的可行性。该项目预算为2 130万欧元。但项目经理于2018年7月31日发布消息称：鉴于欧盟法规的相关规定，“天才项目”对法国农业未来效益的贡献可能非常有限。

（二）商业化生产

法国不以商业为目的生产任何源自基因工程或创新生物技术的农产品。

MON810转基因玉米是目前欧盟唯一批准种植的转基因作物，自2008

年，它的种植在法国已被禁止。

（三）出口

无转基因作物出口记录。

（四）进口

法国进口的生物技术产品大部分是来自美洲的大豆和豆粕，被用作动物饲料。法国还从加拿大进口转基因油菜以及少量转基因玉米和玉米加工副产品。

在过去五年中，法国平均每年进口量如下。

（1）310 万吨豆粕。据估计，转基因豆粕在法国总进口量中所占的比例为 80%。

（2）75 万吨大豆。转基因大豆在总进口量中所占比例估计超过 90%。

（3）进口 73 万～ 130 万吨油菜籽。在 2018—2019 年度，28% 的进口量来自加拿大，转基因油菜籽约占加拿大出口量的 95%；32% 来自乌克兰，10% ～ 25% 为转基因油菜籽；19% 来自澳大利亚，约 24% 为转基因油菜籽。

（五）监管情况

法国的植物生物技术监管工作是在欧盟生物技术监管框架下运作的。2018 年 7 月 25 日，欧洲法院（ECJ）做出裁决，通过基因组编辑技术生产的生物将作为转基因生物在欧盟受到监管。

政府主管部门及其在转基因植物监管中的作用如下。

（1）环境部牵头；

（2）农业部处理种植、共存以及动植物健康问题；

（3）经济部反欺诈办公室（DGCCRF）控制进口产品，并参与“低水平混杂”（low-level presence，LLP）相关问题的处理；

（4）研究部负责公共研究项目；

（5）卫生部参与处理与人类健康相关的问题。

二、动物生物技术

（一）产品开发

法国政府反对在动物育种中使用生物技术。动物生物技术目前主要用于医学研究。

动物生物技术和克隆技术的相关研究如下。

（1）疾病研究。利用基因组编辑和基因工程等生物技术生产人类疾病的动物模型（具有模拟人类疾病表现的动物实验对象和相关材料）；

（2）利用转基因猪生产组织或器官用于异种移植；

（3）从哺乳动物的乳汁或鸡蛋中提取蛋白，生产具有药用价值的蛋白质，用于制造血液因子、抗体和疫苗，也可以在实验室利用动物细胞制造蛋白质；

（4）改善动物育种技术。

（二）商业生产

无。

（三）进出口贸易

一家名为“低温动物技术公司”的法国公司曾经出口过克隆马，但该公司已停止运营。

法国有可能进口了来自克隆动物或其后代的精液和胚胎。未获得具体数据。

（四）监管

在法国，没有关于在动物身上使用创新生物技术的监管规定。

来源：美国农业部

意大利2019年农业生物技术年度报告

2020年2月4日，美国农业部海外农业服务局发布了《意大利2019年农业生物技术年度报告》，主要内容如下。

农业是意大利的主要经济部门之一，约占国内生产总值的2%。该国进口的生物技术商品主要是大豆和豆粕，作为畜牧业饲料。人们对转基因作物的普遍态度仍然趋于敌视。

一、植物生物技术

（一）产品研发

2018年5月18日，意大利农业、粮食和林业政策部（MIPAAF）批准拨款600万欧元用于生物技术研究，这是一项为期三年的可持续农业研究计划，将由意大利农业研究和农业经济分析委员会（CREA）实施，该机构是意大利最大的农业研究机构。该研究以葡萄、橄榄、苹果、柑橘类水果、杏、桃、樱桃、草莓、猕猴桃、茄子、番茄、罗勒、朝鲜蓟、小麦、水稻和杨树为研究对象。

（二）商业化生产

意大利没有将任何转基因植物（包括转基因种子）投入商业化生产。

（三）出口

无。

（四）进口

意大利国内的饲料供给无法自给自足，约80%的大豆（2018年进口150万吨）和豆粕（2018年进口220万吨）依赖进口。大豆主要来自巴西、美国和加拿大等国，豆粕主要来自阿根廷和巴西等国。

鉴于转基因大豆在全球供应中占相当大的比例，意大利会在其饲料成分中使用转基因大豆。

（五）监管框架

作为欧盟成员国，欧盟关于生物技术产品的规定一般也适用于意大利。意大利实施欧盟在2001年颁布的第2001/18/EC号指令，并通过了意大利第2003/224号立法法令，该法令将监管“向环境故意释放的转基因生物”的责任从卫生部转移到环境部。

该法令还让多个部门负责批准新的转基因活动，它们是卫生、劳工、农业、经济发展和教育部，以及部门间评估委员会（在环境部领导下成立，由上述部门的代表组成）。

二、动物生物技术

（一）产品开发

在意大利，没有转基因动物的产品开发，在未来五年内也没有有关的上市计划。

在转基因动物和克隆动物方面，意大利专注于利用基因组选择技术改善动物育种，主要用于医学或药物应用。在意大利克雷莫纳有一个基因研究中心（属于 Avantca 有限公司），从事动物克隆的实验和研究。该中心还对猪进行基因组编辑，用于生物医学研究。

（二）商业化生产及进出口

在农业领域，转基因动物和克隆动物还没有被商业化生产。也没有相关的进出口数据。

（三）监管框架

意大利于 2004 年 4 月实施了欧盟关于转基因食品和饲料的第 2003/1829 号法规。

2012 年 1 月 26 日，欧洲食品安全局（EFSA）发布了《转基因动物食品和饲料风险评估指南》（*Guidance on the Risk Assessment of Food and Feed from Genetic Modified Animals*）和《动物健康福利指南》（*On Animal Health and Welfare Aspects*）。该文件在欧盟关于转基因食品和饲料的第 2003/1829 号规例的框架内，对含有、组成或生产自转基因动物的食品和饲料的风险评估，以及对这些动物健康和福利的评估，提出了指导意见。

2013 年 5 月 23 日，欧洲食品安全局（EFSA）发布了《将投放欧盟市场的活转基因动物的环境风险评估（ERA）指南》。

来源：美国农业部

加拿大2019年农业生物技术年度报告

2020 年 2 月 5 日，美国农业部海外农业服务局发布了《加拿大农业生物技术 2019 年度报告》。2019 年，加拿大种植了大约 1 120 万公顷的转基因作物，主要为油菜籽、大豆、玉米、甜菜和紫花苜蓿。

一、转基因作物商业生产

加拿大是全球生物技术作物的种植面积排名前五的国家之一。2019 年，转基因作物的种植面积约占加拿大所有作物播种面积的 18%。

卡诺拉油菜籽：根据加拿大卡诺拉理事会提供的数据，卡诺拉油菜籽总种植面积中约 95% 为转基因品种，与过去 5 年持平。2019 年转基因作物种植面积略高于 800 万公顷，低于 2018 年的 880 万公顷。

大豆：2019 年，全国大豆种植面积（包括转基因大豆和常规大豆品种）下降至 231 万公顷，比 2018—2019 年度下降了 10%。2019—2020 年度，加拿大转基因大豆产量占总播种面积的百分比估计为 80%。

玉米：转基因玉米种植面积目前占加拿大所有玉米种植面积的 91%。

甜菜：加拿大商业化生产的甜菜基本上 100% 为转基因品种，2019 年的种植面积和产量与 2018 年相比都略有下降。

加拿大目前尚无转基因小麦、亚麻和苹果的商业化生产。

二、转基因作物及产品出口

卡诺拉油菜籽：在 2018—2019 年度，加拿大出口了 910 万吨的卡诺拉油菜籽、320 万吨的菜籽油和 460 万吨的油菜籽粕。中国、日本和墨西哥是加拿大油菜种子的三大进口国。由于中国需求的增加，加拿大对美国的菜籽油出口连续两年下降，2018—2019 年度下降了 8%。对中国的出口增长了 15%，增至 100 万吨。

大豆：加拿大出口了 0.17 亿吨大豆油和 530 万吨大豆。在过去 6 年中，83%～99% 的豆油出口销往美国。过去 5 年，豆油出口总额增长了 44%。2018—2019 年度，加拿大 60% 的大豆（316 万吨）出口运往中国，高于去年同期 35%。

玉米：2018—2019 年度加拿大玉米出口量为 180 万吨，出口到爱尔兰（48%）、西班牙（20%）和英国（14%）的数量位居前三。

亚麻籽：加拿大 2018—2019 年度亚麻籽出口量约为 0.47 亿吨，中国占总出口量的 58%。

三、转基因作物及产品进口

加拿大是转基因作物和产品的进口国，进口作物包括谷物和油菜籽。乙醇生产和畜牧饲料业等行业进口的玉米和大豆来自美国。

油菜籽：加拿大在 2018—2019 年度进口了 16 448 吨菜籽油和 6 116 吨油菜籽粕。

玉米：2018—2019 年度，加拿大进口了 270 多万吨玉米，其中 98% 来自美国。长期趋势显示，在过去 20 年中，加拿大从美国进口的玉米数量正在减少，同时加拿大国内玉米产量也在稳步增长。

大豆：加拿大还进口了 117 万吨大豆、23 255 吨豆油和 100 万吨豆粕。超过 80% 的大豆产品从美国进口。

四、生物技术监管

加拿大食品检验局（CFIA）、加拿大卫生部（HC）和加拿大环境与气候变化委员会（ECCC）是负责生物技术产品的监管和批准的机构。这 3 个机构共同监测具有新特性的植物、新食品以及所有以前未用于农业和食品生产的具有新特性的植物或产品的发展。

来源：美国农业部

澳大利亚2019年农业生物技术年度报告

2020 年 2 月 4 日，美国农业部海外农业服务局发布了《澳大利亚 2019 年农业生物技术年度报告》，主要内容如下。

澳大利亚联邦政府对生物技术持支持态度，并承诺为生物技术的研究和开发提供大量、长期的资金。

一、植物生物技术

（一）产品开发

澳大利亚联邦科学与工业研究组织（CSIRO）目前正在农业、生物安全和环境科学领域进行如下一系列技术方面的研究。

（1）RNAi（基因沉默）项目包括：培育具有有益性状的小麦品种；提高水产养殖生产率；抗病毒植物；更健康的棉籽油；以及更好的生物燃料。

（2）标记辅助育种项目包括：保护酿酒葡萄免受霉变；以及帮助牛育种者选择无角牛。

（3）转基因项目包括：*Bt* 棉；DHA 油菜；SHO 红花；叶油；*Bt* 豇豆。

（二）商业化生产

多年来，澳大利亚仅有 3 种转基因作物获准商业化种植，它们是生物技术棉花、油菜和康乃馨。2018 年 6 月，基因技术监管办公室（Office of the Gene Technology Regulator/OGTR）批准了针对高油酸成分进行性状修改的转基因红花的商业化生产，用于工业应用。

转基因棉花：自从 1996 年第一个转基因棉花品种获得批准和引进以来，转基因棉花已经在澳大利亚商业化种植多年，几乎 100% 的澳大利亚棉花作物都是转基因品种。

油菜：自 2003 年以来，许多转基因油菜品种已获得 OGTR 的批准，这些品种的第一次商业种植发生在 2008 年。2017 年，转基因油菜品种的种植面积约占全国油菜总种植面积的 24%。

（三）出口和进口

出口：鉴于澳大利亚几乎 100% 的棉花产品都是转基因品种，因此出口的棉花和棉花产品很可能都是转基因品种。此外，澳大利亚不向美国出口棉花。

进口：根据 2000 年基因技术法案，转基因生物的进口必须获得批准或授权。进口商需要向 OGTR 申请许可证或授权，才能将任何转基因产品进口到澳大利亚。OGTR 和农业部密切合作，以规范和执行这一要求。

（四）法律监管

2000 年基因技术法案于 2001 年 6 月 21 日生效，成为国家监管计划的组成部分。该法案和相关的《2001 年基因技术条例》为基因技术监管机构提供了一个全面的监管程序。联邦、各州和地区之间的政府间协议，为澳大利亚转基因生物监管体系奠定了基础。基因技术法和治理论坛（The Legislative and Governance Forum on Gene Technology /LGFGT）由英联邦以及各州和地区的部长组成，对监管框架进行广泛监督，并就法律相关的政策问题提供指导。基因技术常设委员会向地方政府融资平台提供高级别支持，该委员会由来自所有管辖区的高级官员组成。

2019 年 12 月 1 日，南澳大利亚政府出台法规，从 2020 年 1 月 1 日起取消在该州种植、运输或销售转基因作物的禁令。自该日起，除袋鼠岛外，该州所有地区都可以种植转基因作物。

二、动物生物技术

（一）产品开发

研究人员正在利用基因技术提高澳大利亚的动物生产效率。合作研究中心（CRCs）和 CSIRO 利用家畜种群中的自然遗传变异，有选择地培育出能生产更多肉、奶和纤维的动物。基因技术也被用于研发新的疫苗和治疗方法，以预防和诊断家畜疾病。利用创新的生物技术（如 CRISPR/Cas9 基因编辑技术）对动物进行基因改造。

CSIRO 目前正在进行的研究包括两个：

- 标记辅助育种项目，帮助牛育种者选择无角牛；
- 鸡性别鉴定，一种区分孵化前雌雄鸡的新基因技术。

（二）商业化生产及进出口

澳大利亚尚未批准过转基因动物的商业化养殖和进出口。

（三）法律监管

澳大利亚涉及基因技术的动物研究受 OGTR 监管。基因工程和克隆动物也受国家和地区政府动物福利立法的约束。

来源：美国农业部

荷兰2019年农业生物技术年度报告

2020 年 2 月 7 日，美国农业部海外农业服务局发布了《荷兰 2019 年农业生物技术年度报告》。本报告介绍了荷兰农业生物技术研发、生产、贸易以及政策法规方面的情况及进展，主要内容如下：

一、植物生物技术

（一）产品研发和商业化种植

荷兰拥有世界上技术领先的植物育种机构，是全球蔬菜种子的主要生产国之一。荷兰植物育种机构支持使用创新的生物技术进行育种。但鉴于开发和批准转基因（GE）作物的规定和程序十分繁琐，荷兰植物育种公司将重点放在生物技术创新上。目前没有正在研发的转基因作物，未来五年内也没有转基因作物的上市计划。

目前，荷兰没有商业化种植任何转基因作物，在未来五年，也没有计划商业化种植转基因作物。

（二）进口

荷兰进口大量GE作物和其衍生产品，主要进口作物为大豆。荷兰不进口GE种子。

荷兰是世界第二大大豆和豆粕进口国。大豆和其衍生产品进口自美国和巴西，豆粕进口自巴西和阿根廷。这些货物中含有GE材料的部分未登记入册，但估计超过总数的85%。

（三）出口

荷兰不生产GE作物或产品，因此没有国内生产的GE作物或产品可供出口。然而，荷兰将进口的GE作物和产品转运到其他欧盟成员国，并将GE材料再出口到非欧盟国家。荷兰根据欧盟法律的要求，对转运和出口的GE材料进行记录和标记。

（四）监督管理

作为欧盟成员国，荷兰实施了关于农业生物技术的协调立法。以下3个部委负责实施农业生物技术监管。

卫生、福利和体育部（VWS）——医疗和农业生物技术领域决策过程中的协调部门。VWS也是负责食品领域GE立法的中央主管部门。

基础设施和环境部（MIE）——负责实施和执行关于活的GE植物和动物（如用于实验室研究的植物和动物）的立法以及喂养试验。负责的机构是转基因生物局（BGGO）。

农业、自然和食品质量部（LNV）——负责饲料和种子领域的GE立法。与VWS一起，LNV在欧盟的转基因生物可追溯性和标签立法的实施中发挥了重要作用。LNV有两个机构负责执行有关生物技术饲料和食品的立法：荷兰食品和消费品安全局（NVWA）负责对通过荷兰港口进口的食品和饲料进行记录和实物控制；荷兰农业检查处（NAK）负责检查进口到荷兰的作物和种子。

2019年5月14日，荷兰政府向欧盟理事会农业和渔业委员会提交了一份说明，指出鉴于创新技术的发展，有必要针对欧盟现行转基因作物和产品立法的充分性进行审查。

（五）市场研究

2019 年 6 月 3 日，荷兰遗传修饰委员会（COGEM）发表了题为“公民对基因改造的看法”的报告。报告指出，基因改造能唤起许多公民对技术创新的积极感受，较少的受访者对基因改造持负面情绪和完全反对的态度。但是，民众也对跨国公司的技术垄断等问题可能产生的威胁和不可预见的后果表达了严重的担忧。

2019 年 6 月 13 日，荷兰拉特诺研究所（Rathenau Institute）发表了《农作物基因组编辑报告》。报告提出了基因编辑立法的备选方案，并建议改进和完善当前的生物技术政策，将重点放在技术风险的差异性上。

二、动物生物技术

（一）产品研发

在荷兰，没有正在研发的转基因或克隆动物。法律禁止将生物技术应用于其他产业（如：娱乐和运动竞技产业）的动物育种，但允许用于生物医学领域。对于在农业中的应用，还没有明确的立场，但动物福利是一个重要的考虑因素。

（二）商业化生产

在荷兰，没有用于商业用途的 GE 或克隆动物。GE 动物仅为被授权在大学和医院用作医学研究的实验动物。荷兰畜牧部门和荷兰农业研究机构都没有饲养 GE 动物（即使是以研究为目的）。

（三）出口

由于国内不生产 GE 和克隆动物，荷兰不出口国内生产的 GE 或克隆动物或其繁殖材料。但该年度报告称，荷兰的畜牧业和乳品业很可能进口并进一步交易克隆动物的精液和胚胎，出口文件不会声明这些繁殖材料来自克隆动物。

（四）进口

目前还没有已知的 GE 动物进口。但该年度报告称，荷兰很有可能进口了克隆动物的精液和胚胎。目前没有这些进口产品的具体数据。

（五）法规监管

目前，荷兰政府有关于动物基因工程的法规，但没有关于克隆动物的管理法规。想要将 GE 动物用于医学研究的组织需要向荷兰农业、自然和食品质量部（LNV）申请许可证。动物实验委员会（DEC）对生物医学研究实验的许可申请进行评估。荷兰动物生物技术委员会（CBD）评估其他的许可证申请。

除了农业部颁发的许可证外，想要生产、繁殖、饲养或运输 GE 动物的机构或公司还需要获得基础设施和环境部的许可证，后者负责评估该项目对人类和环境的潜在不利影响。

（六）公众态度及市场反应

一般来说，公众不支持克隆或 GE 动物，市场的表现也反映了这一立场。

来源：美国农业部

波兰2019年农业生物技术年度报告

2020 年 2 月 10 日，美国农业部海外农业服务局发布了《波兰 2019 年农业生物技术年度报告》，主要内容如下。

波兰是欧洲主要农业生产国和欧盟成员国。波兰反对在农业中使用基因工程技术，没有商业化种植任何转基因作物。

一、植物生物技术

（一）产品开发

一些机构（包括与外国公司或实验室合作的机构）在受控制的条件下开展了对生物技术的基础性研究，包括植物育种，以及转基因作物对生态环境的影响等研究。

（二）商业生产

波兰没有生产或商业化种植转基因作物。2013 年 1 月 28 日，根据 2006 年发布的《种子法》修正案，转基因作物种植禁令开始生效，该法案还明确禁止了 235 个玉米品种。虽然目前的监管框架在技术上允许转基因种子进入商业领域，但根据法律，这些种子不能用于种植。

（三）出口

无相关出口。

（四）进口

尽管2006年的《饲料法》严格禁止生物技术牲畜饲料的使用，波兰仍然进口生物技术衍生的饲料原料。2016年11月4日，议会投票赞成《饲料法》，但实际上，议会一再推迟了转基因饲料禁令的实施，饲料法的最新修正案将转基因饲料禁令的执行时间推迟到2021年1月1日。波兰目前从阿根廷、巴西和美国进口了200多万吨转基因豆粕。

（五）监管机构

环境部是波兰负责农业生物技术监管的主管部门。环境部与卫生部合作，对生物技术给民众健康带来的潜在风险进行管控。

食品及卫生局是一个由科学家、行政当局和非政府组织的代表组成的专家咨询机构，负责为环境部的农业生物技术监管工作提供决策支持。

二、动物生物技术

（一）产品开发

对转基因农业动物的研究较为有限。波兰的3个研究中心：巴利斯动物育种研究所、加斯特泽比茨动物遗传学研究所和农业大学在该领域进行了一些研究。波兰政府对该领域持谨慎态度，每个研究项目都必须得到环境部的批准。

在波兰，转基因动物研究的主要目的包括4个。

- 用于制药工业中蛋白质、酶和其他物质的生产；
- 提高牲畜免疫力；
- 提高动物的生产力和效率，获得所需的动物繁殖性状；
- 异种移植材料的生产。这项研究利用克隆技术繁殖动物，用于动物器官移植。这是目前唯一使用动物克隆技术的项目。

（二）商业化生产

在波兰，转基因动物被用于基础研究和药物研究。没有商业化生产。

（三）出口和进口

无相关进、出口。

（四）监管机构

环境部负责监督现有生物技术法规的实施。卫生部负责监管源自转基因动物的食物。

来源：美国农业部

西班牙2019年农业生物技术年度报告

2020年2月12日，美国农业部海外农业服务局发布了《西班牙2019年农业生物技术年度报告》，主要内容如下。

西班牙是欧盟最大的转基因玉米种植国，也是动物饲料中转基因大豆的主要消费国。该国支持以科学为基础的农业生物技术的研究和应用。

一、植物生物技术

（一）产品开发

在西班牙，在事先通知、公开信息和获得授权的情况下，允许对转基因植物进行限制性研究和田间试验。但预计在未来五年内不会有新的转基因或创新的生物技术产品进入市场。

（二）商业化生产

西班牙是欧盟最大的转基因玉米生产国。自2014—2015年度以来，玉米种植面积一直呈下降趋势，但2019—2020年度，玉米种植面积首次出现逆转，呈上升趋势。推动面积恢复的因素包括甜菜等替代作物种植面积的减少，以及冬季早期谷物收获后第二季玉米种植面积的增加。

（三）出口

西班牙是谷物和油籽的净进口国，国内生产不足以满足西班牙强劲的出口导向型畜牧业的需求。尽管西班牙是欧盟最大的转基因作物生产国，但由于国内强大的饲料工业充分消化了其产量，西班牙出口的转基因产品的数量极少。

（四）进口

西班牙进口了大量转基因产品。多年来，转基因作物的种植和进口规模不断扩大，西班牙进口的农业生物技术产品主要包括玉米和玉米加工副产品，以及原产于巴西、阿根廷和美国等国的大豆和大豆类产品。西班牙每年的谷物进口总量从900万吨到1 800万吨不等。

美国对西班牙的农产品出口主要由大宗商品和面向消费者的产品组成，在2014—2018年间分别占美国出口额的31%和40%，大豆和坚果是最大的类别，分别占农业贸易总额的26%和36%。

在2017—2018年度，美国和巴西都增加了在西班牙玉米进口市场的份额，占该国玉米进口总额的45%。然而，由于欧盟自2018年6月起对美国玉米征收报复性关税，在2018—2019年度，西班牙从美国进口的玉米几乎为零，预计在2019—2020年度，西班牙从美国进口的玉米将保持在同一水平。

西班牙进口的大豆绝大多数为转基因大豆。大豆和豆粕的年进口量平均接近600万吨。巴西和美国是西班牙大豆进口的主要供应国。在2018—2019财年，美国大豆的竞争性定价帮助美国在西班牙获得更多的市场份额。

（五）监管机构

西班牙生物技术的两个主要监管机构是国家生物安全委员会（CNB）和转基因生物理事会（CIOMG）。

自2018年6月，在西班牙新政府和内阁重组之后，农业和环境事务被划分给两个不同的部门：农业、渔业和食品部（MAPA）和生态部（MITECO）。CNB归生态部，CIOMG归农业、渔业和食品部。

国家生物安全委员会是一个咨询机构，其职责是科学评估国家或区域提交的种植、限制使用和销售的转基因产品的请求。该委员会由各部委的代表、自治区代表和农业生物技术专家组成。

转基因生物理事会是授权生物技术衍生产品在全国范围内受限使用、发布和销售的主管部门。该理事会由主管农业的秘书长担任主席，由与农业生物技术相关的各部门代表组成，包括农业、渔业和食品部（MAPA）、卫生、消费和社会福利部（MSCBS）、经济和企业部（MINECO）以及内政部（MIA）4个部门的代表。

涉及的其他部门：属于农业生产和市场总局的西班牙蔬菜品种办公室负责登记和监测用于种植的转基因作物种子。在 MAPA 内部，动物饲料和资源保护总局负责协调全国饲料计划，而隶属于卫生部的西班牙食品安全和营养局（AESAN）负责食物链控制。

二、动物生物技术

（一）产品开发

在西班牙，允许使用生物技术对动物进行研究。到目前为止，西班牙动物生物技术研究涉及：猪、老鼠、苍蝇、斑马鱼、兔子、山羊和绵羊。2019 年的动物生物技术的研究对象包括啮齿动物和苍蝇。

（二）商业生产

在西班牙，没有转基因动物和克隆动物的商业化生产。转基因动物仅被授权用于科学研究。

（三）出口

鉴于西班牙没有转基因动物、克隆体或相关产品的商业化生产，此类产品没有已知的出口记录。

（四）进口

转基因动物已被引进到西班牙进行研究。进口转基因动物须符合海关当局的进口规定。

（五）监管机构

转基因动物的管辖部门与转基因植物相同。克隆技术的监管由农业、渔业和食品部以及卫生部负责。

来源：美国农业部

印度2019年农业生物技术年度报告

2020 年 2 月 4 日，美国农业部海外农业服务局发布了《印度 2019 年农业生物技术年度报告》，主要内容如下。

一、植物生物技术

（一）产品开发

目前，印度的种子公司和公共部门的研究机构正在开发的转基因作物超过 85 种，主要的研究方向包括：抗虫害、抗除草剂、抗非生物胁迫（如干旱、盐碱和土壤养分耗竭）、提高营养含量以及与营养、药用或代谢相关的植物表型组学研究。

公共部门的研究机构正在开发的作物包括香蕉、卷心菜、木薯、花椰菜、鹰嘴豆、棉花、茄子、油菜籽、芥末、木瓜、花生、豌豆、土豆、水稻、高粱、甘蔗、番茄、西瓜和小麦。

（二）商业化生产

2002 年，转基因棉花被批准用于商业化种植，并且截止到目前为止，仍然是唯一被批准可以投入商业化生产的转基因作物。在十几年的时间里，转基因棉花的种植面积已增长到印度棉花总种植面积的 95% 以上，并导致印度棉花产量的激增。印度已成为世界上最大的棉花生产国和第三大棉花出口国。 2018—2019 年度印度的棉花产量估计为 2 650 万包，种植面积为 1 260 万公顷。

商业化种植的转基因棉花被批准用作衣物纤维、人类食用油和动物饲料。

（三）出口

印度是仅次于美国和巴西的世界第三大棉花出口国，偶尔也出口少量来自转基因棉花的棉籽和棉籽粉。 印度未向美国出口大量的棉花或棉籽粉。

（四）进口

目前唯一获准进口到印度的转基因食品是来自 6 种转基因大豆的大豆油和来自 1 种转基因油菜的菜籽油。印度进口了大量大豆油（主要来自阿根廷、巴西和巴拉圭）和少量菜籽油（主要来自加拿大）。印度也进口了大量棉花（包括转基因棉花），以提高当地纺织业对优质棉花的需求，2018—2019 年度的进口量为 180 万包。

作为一种不含任何蛋白质的纤维产品，棉花不需要做转基因产品的进口申报。而其他转基因作物（如种子、动物饲料和人类食品）以及源自转基因作物的加工产品的进口已被禁止。

（五）监管情况

1986 年的《环境保护法》（EPA）为印度的转基因植物、动物及其产品和副产品的生物技术监管框架奠定了基础。印度现行法规规定，在商业批准或进口之前，印度基因工程评估委员会（GEAC）必须对所有转基因食品和农产品，以及来自转基因植物和动物或其他生物技术生物的产品进行评估。GEAC 是印度的最高监管机构。2006 年的《食品安全与标准法》（*Food Safety and Standards Act of* 2006）对管理转基因食品（包括加工食品）作出了具体规定。

目前，转基因原料加工的食品和其他产品的审批由印度食品安全与标准管理局（FSSAI）负责，而转基因作物和产品（包括种子在内的活性改良有机生物体）的研究、开发和种植、非食品加工产品和其他产品的审批由 GEAC 负责。

印度已经批准的 5 个用于种植的转基因品种均为棉花品种。有 7 个品种获得了食用植物油的进口许可，分别为 6 个大豆品种和 1 个油菜品种。

二、动物生物技术

（一）产品开发

除了在水牛克隆研究上取得了一些进展外，印度动物生物技术的研究和发展还处于起步阶段。

（二）商业生产

迄今为止，印度没有生产用于商业化生产的转基因动物、源自转基因动物的产品或克隆动物。

（三）出口

印度不出口任何转基因动物、克隆动物或相关的动物产品。

（四）进口

印度不允许进口任何转基因动物、克隆牲畜或来自这些动物的产品，但用于制药的转基因动物产品除外。

（五）监管机构

同植物生物技术部分。

来源：美国农业部

菲律宾2019年农业生物技术年度报告

2020 年 2 月 4 日，美国农业部海外农业服务局发布了《菲律宾 2019 年农业生物技术年度报告》，主要内容如下。

菲律宾是农业生物技术领域的积极倡导者，是第一个允许种植转基因作物（2003 年开始种植转基因玉米）的亚洲国家。在转基因监管方面，预计将在 2020 年出台新的针对转基因动植物的监管框架，以加快对农业生物技术产品的批准和应用。

一、植物生物技术

（一）产品研发

菲律宾大学植物育种研究所（IPB-UPLB）开发了抗蚜虫转基因茄子。所有相关的现场测试已经完成。

菲律宾水稻研究所（PhilRice）的 β-胡萝卜素强化水稻（也称黄金水稻/GR2E）项目由比尔和梅琳达·盖茨基金会通过向国际水稻研究所（IRRI）提供赠款予以支持。洛克菲勒基金会、美国国际开发署和菲律宾农业部（DA）生物技术项目也提供了支持。2019 年底，该品种在菲律宾被批准上市，可用作食品和饲料，或作为加工用途。美国、澳大利亚、新西兰和加拿大 4 个国家的监管机构也已经批准该作物进入食品市场，并认可了其食用的安全性。

自 2010 年开始对转基因棉花进行评估和封闭试验。截至 2018 年 11 月 11 日，该项目已顺利完成多地点试验。

菲律宾大学洛斯巴诺斯分校（UPLB）的植物育种研究所（IPB）开展了木瓜的抗环斑病毒、延缓成熟的育种研究。自 2014 年开始进行田间测试。目前还未获得政府的种植许可。

（二）商业化生产

根据国家植物局（BPI）的数据，转基因玉米自 2003 年引进以来，累计种植面积超过 720 万公顷。2018 年 3 月至 2019 年 2 月期间的种植面积为 64.1 万公顷，较上一年略有增加（3%）。

所有种植的转基因作物中，超过95%的转基因作物都是基因叠加品种（stacked varieties）。

（三）出口

无转基因作物出口记录。

（四）进口

2018年，菲律宾的农产品及相关产品对美进口额达31亿美元，创历史新高。

2018年，菲律宾从美国进口的转基因作物和副产品比前一年增加了14%，超过10亿美元，豆粕占绝大部分，达8.84亿美元。2019年的贸易额预计将超过2018年的水平。

（五）监管框架

2016年，来自农业部（DA）、科学技术部（DOST）、环境资源部（DENR）、卫生部（DOH）以及内政和地方政府（DILG）的专家共同起草了一份部门联合通告（JDC），题为《转基因植物研发、处理、使用、越境转移、环境释放和管理的规章制度》。

JDC划定了DA、DENR和DOH在进行风险评估时的责任。环境风险评估由DENR负责，DOH负责环境健康和食品安全影响评估。DILG的作用主要是协调其他部门监督公共协商体系。DOST是评估和监测的牵头机构。DA通过BPI评估，发放如田间试验、繁殖和用于人类食用的食品或动物饲料等的许可。饲料安全由动物管理局（BAI）负责。

最近，该框架将有所变动，将对生物安全应用的及时批准给予更多关注。该变动的提议由菲律宾国家生物安全委员会（NCBP）发起，JDC正在接受审查，预计结果将于2020年公布。

二、动物生物技术

（一）产品开发

目前，菲律宾没有正在开发的转基因动物品种或克隆体，也没有相关的未来五年的上市计划。

菲律宾使用传统技术改良牲畜品种，技术包括人工授精、胚胎移植（embryo transfer）、体外胚胎生产（in-vitro embryo production）和活体采卵技术（ovumpick）。基于 DNA 的技术仅限于开发用于重大动物疾病的诊断试剂盒。

（二）商业生产及进出口

无。

（三）监管框架

在菲律宾，目前还没有任何法律或法规涉及克隆牲畜、转基因动物或来自这些动物或其后代的产品的开发、使用、进口或处置。一个针对转基因动物的监管框架有望在 2020 年得到批准。

来源：美国农业部

土耳其2019年农业生物技术年度报告

2020 年 2 月 6 日，美国农业部海外农业服务局发布了《土耳其 2019 年农业生物技术年度报告》，主要内容如下。

一、植物生物技术

（一）产品研发

土耳其没有以商业或研究为目的的正在开发的转基因植物。

（二）商业化生产

《生物安全法》第 5 条第 1 款（c）项规定禁止生产转基因动植物。农林部（MinAF）每年 1 月发布的种子通告也都禁止进口转基因种子。

（三）出口

由于土耳其没有转基因作物的商业生产，除海关转运外，土耳其不向美国或其他国家出口转基因植物。

（四）进口

目前有 36 种转基因大豆和玉米性状获准进口土耳其，用作动物饲料。

由于国内生产不足和需求增加，土耳其为其家禽、家畜和水产养殖部门进口了大量的饲料作物。美国一直是土耳其市场最大的供应商之一，但其进口量不稳定，主要受阻原因是被批准的转基因性状数量有限，以及土耳其农业和林业部（MinAF）采取的监管措施。

（五）政策和监管情况

土耳其的农业生物技术法规受 2010 年 9 月 26 日实施的《生物安全法》（第 5977 号法律）和相关现行法规约束。转基因农产品只有在每次获得批准后才能进口，例如：食品、饲料、工业产品（以及用于特定工业应用的产品，如：润滑剂、墨水、油漆和生物燃料）。

卫生部于 2010 年 8 月 13 日公布了《生物安全法》的两个实施条例。这些条例是“关于转基因生物和产品的条例”和“关于生物安全委员会和委员会工作原则的条例”。该法律禁止在婴儿食品和幼儿辅助食品中添加转基因成分，禁止栽培 / 生产转基因植物和动物，并禁止使用转基因种子。

2018 年 6 月 24 日举行总统选举后，土耳其政府根据《总统令第 1 号法令》对粮食、农业和牲畜部（Ministry of Food,Agriculture,and Livestock）与森林和水事务部（Ministry of Forest and Water Affairs）合并重组，成为农业和林业部（MinAF）。第 1 号法令设立了 9 个总统政策委员会。9 个委员会中，一个委员会是卫生和粮食政策委员会，它的任务是制定生物技术领域的政策、战略，并监测执行情况；另外两个委员会与食品和农业有关；其他委员会与健康和医疗有关。

土耳其高级规划委员会（HPC）于 2015 年 6 月通过了《生物技术战略与行动计划》，实施期为 2015—2018 年，已于 2018 年 7 月结束。该计划是第一个由政府高层权力机构制定并通过的，涵盖生物技术所有方面（农业、卫生、工业）的文件。该计划提出了“提高技术水平，增加有附加值的产品的数量，并在生物技术领域处于领先地位”的愿景。

计划中与农业生物技术有关的具体目标：

- 修订《生物安全法》和其他相关法律；
- 确定将“特定受控领域”分配给科学家（进行研发和实地试验）的规则和原则。

目前没有关于委员会工作成果的公开资料。

二、动物生物技术

（一）商业生产

无。

（二）出口

无。

（三）进口

《生物安全法》不禁止转基因动物进口。MinAF 有权对进口申请进行评估。但目前为止，尚未有进口转基因动物的申请。

（四）监管

土耳其对农业生物技术的监管受 2010 年 3 月 26 日通过的《生物安全法》（第 5977 号法律）和相关实施条例的约束。转基因农产品（包括转基因动物）只有在每次申请获得批准后才允许进口。

来源：美国农业部

罗马尼亚2019年农业生物技术年度报告

2020 年 2 月 10 日，美国农业部海外农业服务局发布了《罗马尼亚 2019 年农业生物技术年度报告》，主要内容如下。

罗马尼亚是欧盟（EU）成员国中对农业生物技术接纳度最高的国家之一。罗马尼亚进口转基因豆粕广泛用作饲料原料。罗马尼亚政府允许进行生物技术田间试验。

一、植物生物技术

（一）产品研发

2017 年 11 月，罗马尼亚国家环境保护局（NAEP）通报称，当地一所大学申请使用 CRISPR/Cas9 技术对一种单核增生李斯特菌进行限制性检测。该研究是 ERA-IB-16-014 安全食品项目的组成部分。2017 年 12 月，生物安全委员会（BSC）批准了该申请，给予 4 年的测试期。同年，NAEP 还发布了另一份通报，一家制药公司申请对含有单核增生李斯特菌减毒活性菌株（a live-attenuated strain of the bacterium Listeria monocytogenes）的转基因药物 ADXS11-001 进行临床研究。BSC 于 2017 年 9 月批准了这一请求，并给予 6 年的测试期。

目前，尚无罗马尼亚正在开发的任何商用转基因植物的报道。

（二）商业化生产

自 2015 年，罗马尼亚没有种植过生物技术作物（包括转基因玉米）。

种植区域隔离、共存、市场认证和可追溯性要求，以及抗虫性问题，是农民选择不种植转基因玉米的主要原因。

（三）出口

罗马尼亚目前不生产任何转基因植物，因此没有此类出口。

罗马尼亚的大豆产量在 2007 年加入欧盟后急剧下降，但罗马尼亚仍然是欧盟为数不多的大豆生产国之一。大豆生产补贴刺激农民在过去五年里将产量增加了一倍，2019 年达到约 40 万吨。罗马尼亚是向其他国家供应非转基因大豆的国家。大约一半的本地大豆产品主要出口到欧盟国家，这些国家的畜牧业主要依靠非转基因饲料。俄罗斯从罗马尼亚进口的大豆通常可达罗马尼亚大豆年产量的四分之一。

（四）进口

罗马尼亚虽然是欧盟重要的粮食和油料生产国和出口国，但依赖进口植物蛋白原料作为牲畜饲料。罗马尼亚近 90% 的进口大豆产品来自转基因大豆生产国。

罗马尼亚的大豆产量大大低于国内畜牧业的需求，进口的大豆和豆粕近 90% 来自南美和美国。2018 年，大豆进口量几乎翻了一番，达到 26 万吨，其中 44% 来自美国。2018 年豆粕进口量达到 56.5 万吨，较 2017 年增长 7%，其中美国豆粕约占进口量的 5%。

2019 年上半年，进口豆粕的利润较高，导致了与 2018 年同期相比，豆粕的进口增长了 30%，同时导致大豆的进口量下滑了 50%。

巴西是罗马尼亚最大的大豆和豆粕供应国，其次是阿根廷和美国。

（五）监管情况

在过去两年中，生物技术法规的实施和执行机构的责任没有发生重大变化。具有监管职责的主要机构如下：

- 环境部（MOE）作为环境保护的中央主管部门，负责协调和确保预警原则（the precautionary principle）的应用；
- NAEP 是公司申请的接洽机构，也是 BSC 的协调机构；
- 国家环境警卫队（NGE）监督法律法规的执行情况；

- 农业和农村发展部（MARD）、卫生、兽医和食品安全国家管理局（ANSVSA）以及卫生部（Ministry of Health）在执行有关转基因产品的法律法规方面发挥着重要作用。

二、动物生物技术

（一）产品开发

根据NAEP发布的信息，目前还没有将动物作为生物技术研究对象的产品开发申请的提交记录，也没有克隆动物的研究。

（二）商业生产

没有关于罗马尼亚家畜克隆或转基因动物（产品）用于商业生产的信息。

（三）出口

无。

（四）进口

目前没有关于进口源自克隆动物的产品的具体数据，也没有转基因动物的进口记录。

（五）监管

罗马尼亚遵循欧盟有关动物生物技术的立法。ANSVSA是负责转基因动物或家畜克隆的食品安全和动物福利方面的权威机构。

1997年的新食品法规（Novel Foods Regulation）是目前欧盟唯一涉及动物克隆的立法。根据该法规，"用非传统育种技术（包括克隆）生产的食品"，但不包括用其后代生产的食品，如需出口到欧盟或在欧盟上市销售，必须提前得到授权。

来源：美国农业部

德国2019年度农业生物技术年度报告

2019年10月16日，美国农业部海外农业服务局发布了《德国农业生物技术2019年度报告》，主要内容如下。

德国是欧盟国家中人口最多、经济最强大的国家，在欧盟内部和全球农业政策中都具有很大的影响力。德国人普遍对新技术持开放态度，愿意创新，但民调显示，该国公众普遍反对转基因植物，并对该问题有高度的了解。德国没有转基因作物的商业化生产。尽管如此，该国还是世界一流的种子公司的发源地，这些公司在全球范围内开发和供应转基因种子。

一、植物生物技术

（一）产品研发

德国的种子公司如拜耳作物科学公司（Bayer Crop Science）、巴斯夫公司（BASF）和 KWS 公司都在开发转基因作物，但已将生产基地从欧洲转移到美国。

（二）商业化生产

德国没有转基因作物的商业化生产，也不生产转基因种子进行海外销售。

然而，包括拜耳作物科学公司、巴斯夫公司和 KWS 公司在内的德国种子公司通过在美国的生产基地，为全世界农民提供生物技术种子。拜耳和巴斯夫已将研究中心转移到北卡罗来纳州，KWS 则在密苏里州开设了一个研究中心。拜耳于 2018 年 6 月收购了孟山都及其美国工厂。

（三）出口

德国没有转基因作物的商业化生产，也不向美国或其他国家出口转基因作物。

（四）进口

德国是畜牧业生产大国，依赖进口大豆作为饲料蛋白来源。2018 年，德国进口了大约 620 万吨大豆和豆粕，几乎全部来自转基因品种。2018 年大豆进口总量超过 350 万吨。据估计，近 60% 来自美国。2018 年，美国向德国出口的大豆总价值将超过 8.5 亿美元。这使得大豆成为美国对德国出口最多的农产品。除了大豆，2018 年德国还进口了近 270 万吨豆粕，大部分来自阿根廷和巴西。

（五）监管情况

在欧盟范围内，转基因公司的作物及其产品根据申请人定义的用途获得授权。成员国对转基因作物的种植以及食品和饲料的进口进行了初步风险评估。在权衡现有信息之后，在欧盟范围内，成员国以多数票通过或否决能否给予进口授权或能否在整个欧盟范围内培育转基因品种。德国联邦消费者保护和食品安全办公室（BVL）是联邦食品和农业部（BMEL）的一个独立部门，负责监管农业转基因产品。BVL收到转基因批准请求的通知，将通知传递给欧洲食品安全局（EFSA），在检查档案中所提供数据的完整性和质量之后，EFSA评估其潜在风险，并发布安全意见。BVL还评估用于研究或工业生产的生物技术作物的安全性，并发放环境释放许可证，进行环境监测。

BVL在德国遗传工程法案的授权下实施监管职能，该法案将欧盟的指导方针作为国家立法来实施。虽然BMEL承担了转基因政策主要的监管责任，但经济、卫生、研究和环境部也参与了意见和决策过程。

作为欧盟最大的成员国，德国在欧洲转基因作物的监管方面发挥着重要作用。这包括在欧盟层面对批准、转让和将欧盟法律纳入德国立法进行表决，确定转基因污染的责任，以及随后的执法。欧盟于2015年3月通过了一项指令，允许成员国出于非科学原因禁止在其领土内种植转基因作物。对于这项禁令是否可能覆盖整个国家，还是由德国各州单独决定，政府内部一直存在分歧。2018年春季公布的德国新政府联盟协议规定，禁止种植转基因植物的禁令将在全国范围内实施。这项立法尚未生效。该立法只影响种植，而不影响美国对德国的出口。

二、动物生物技术

（一）产品开发

在德国，动物生物技术和克隆技术的研究主要由Friedrich Loeffler Institute（FLI）的动物遗传学部门负责，研究是在封闭系统实验室中进行的。

（二）商业化生产

在德国，没有转基因动物和克隆动物的商业化生产。

（三）出口

无。

（四）进口

目前还没有已知的农业用途的转基因动物或克隆动物进口到德国。然而，作为常规牧群改良计划的一部分（涉及乳制品行业），德国有可能进口克隆动物以及克隆动物后代的精液和胚胎。这些进口产品的具体数量尚不清楚。

美国是德国最大的牛精液供应国，平均占有 30% 的市场份额。其他欧盟国家，特别是荷兰，占有超过 40% 的市场份额。

（四）监管情况

德国执行欧盟动物生物技术条例。

来源：美国农业部

智利2019年农业生物技术年度报告

2020 年 3 月 9 日，美国农业部海外农业服务局发布了《智利 2019 年农业生物技术年度报告》，主要内容如下。

智利是世界第五大种子生产国，美国是其最大的转基因种子市场，但种子开发商和研究人员只能将转基因技术用于研究和繁殖。智利没有转基因作物的商业化生产。

一、植物生物技术

（一）产品研发

智利目前还没有开发出可以在未来五年内商业化的转基因植物。

此外，在智利的美国种子公司正在开发抗旱产品，主攻玉米品种。但由于在智利不可能发布任何用于商业用途的研究产品，这些产品被出口到美国和加拿大。

（二）商业化生产

智利是世界第五大种子生产国。十多年来，智利一直在严格的田间控制下繁殖转基因种子（主要包括玉米、大豆、油菜和向日葵），再进行出口。智利目前在世界种子出口国中排名第九，在南半球排名第一。

在智利 2018—2019 年的种子生产季节，该国种植的转基因种子总面积为 10 728 公顷，比上一季减少了 23%。减少的原因是由于前几季储存的种子较多，北半球对种子的需求减少。

智利在 2018—2019 年生产的转基因种子可细分为：玉米种子（5 427 公

顷）占 50.6%，油菜种子（3 495 公顷）占 32.6%，大豆种子（1 804 公顷）占 16.8%。在该国繁殖的其他转基因种子有番茄、小麦花（wheat for flower）和芥菜，它们的总面积不到转基因种子种植总面积的 1%。

（三）出口

以前从美国进口的转基因种子在智利进行繁殖后，主要出口到北半球（美国和加拿大）。在 2018 年的种子生产季，智利向世界出口了总计 3 608 万美元的转基因种子。

（四）进口

智利主要从加拿大和美国进口含有转基因成分的加工产品和用于繁殖的转基因种子，从巴西、阿根廷和美国进口转基因玉米和转基因大豆作为动物饲料。

智利当局要求，向智利出口转基因产品的文件必须包含有关种子类型和转基因事件的详细信息。

（五）监管情况

农业部畜牧与农业服务司（SAG）——只有在 SAG 的严格控制下，才允许繁殖用于出口的种子。SAG 2001 年的第 1523 号决议规范了这一过程，其中包括田间繁殖、收获、出口生产、保障措施、副产品和废弃物的管理和控制。SAG 逐案审查所有将转基因有机体释放到环境中的请求。

卫生部（MOH）——只有在转基因产品与常规产品存在显著差异的情况下，卫生部才会对转基因产品进行海外注册、审批，并对转基因产品进行标识。根据卫生部颁布的第 115 号行政技术规范第 83 号，卫生部公共卫生研究所（PHI）有权对转基因产品与常规产品的异同进行评估，并决定这些产品是否能在该国获得批准。PHI 还需要确定转基因产品的毒性、致敏性和长期影响。

环境部（MOE）——根据其 2013 年第 20.417 号法律和第 40 号条例规定，环境部将转基因生物用于不同于种子生产的农业用途，用于出口和研发活动，这些活动都必须经过环境风险评估。

二、动物生物技术

（一）产品开发

智利没有使用或进口转基因动物的记录。已有的克隆家畜未经过基因改造。

（二）商业生产和出口贸易

不适用。

（三）进口

目前还没有允许进口任何转基因动物或克隆动物的规定。为植物制定的规则不适用于动物。对于转基因水生生物有机体，在进行风险评估并考虑所有用于进口、处理和研究/引入环境的生物安全措施后，需要根据具体情况制定法律。

（四）监管情况

目前还没有针对转基因动物的规定。

主要监管部门：

MOH 处理与人类健康和食品安全有关的所有问题；

农业部通过 SAG 办公室处理动物健康相关问题和关注事项；

MOE 处理与环境有关的问题。

来源：美国农业部

以色列生物技术政策与产业现状分析

以色列农业自然资源贫乏，但依靠科技创新，已成为世界闻名的农业强国，生产的粮食和蔬菜不仅可以满足本国的需求，还大量出口欧洲等地。以色列允许以研究为目的的转基因作物种植，允许进口国外生产的转基因产品用于生产食品和饲料在国内销售。

一、以色列农业生物技术政策与监管

（一）以色列重视生物技术的研发，并准备从国家层面为基因组编辑研究提供资金支持

以色列是国际知名的基因工程研发中心，致力于提高植物对害虫、疾病、除草剂、盐碱和干旱的抗性。以色列允许基因工程用于研究和开发，以色列的大学、政府机构和私营机构都进行了基因工程的相关研究。

2018 年 5 月，以色列农业部公布了建立国家基因组编辑中心和资助基因组编辑研究项目的意向。

（二）以色列拥有本国针对转基因植物的法律框架，并确立了明确的监管框架和机构职能

目前，对转基因的研究、开发、使用和批准的责任主要由农业部和卫生部共同承担。农业部植物保护和检查局是负责执行 1956 年《植物保护法》的国家主管部门，该法是转基因植物监管的现有法律框架。《转基因种子条例》对转基因材料的研究、销售、出口和进口作出了具体规定。

在以色列的法律和监管框架内，有 3 个具有特定作用的机构。

转基因植物国家委员会：该委员会由 13 名成员组成，两名成员来自农业部（主席和副主席），1 名成员来自环境部，1 名成员来自卫生部，1 名成员来自科学部，另外 8 名成员来自学术界和私营机构。该委员会的职责是制定转基因试验的指导方针，为研究人员提供科研工作流程信息和科研课题申报信息，并担任政府和学术界在转基因问题上的顾问。

植物保护和检查服务局 – 实地检查组：该部门执行与处理转基因材料有关的法规条例。

植物保护和检查服务局 – 分子技术和转基因植物实验室：该实验室负责转基因种子、无性繁殖材料和加工食品的鉴定，以及进出口货物中转基因成分的测定。

二、以色列农业生物技术产业现状

（一）以色列转基因作物的商业化生产受到限制，唯一获得批准的作物是转基因烟草

目前，转基因作物的商业化生产（包括转基因种子的使用）需要获得植物保护和检查服务局的许可。目前唯一获准出售的作物是转基因烟草，这种烟草生长在封闭的环境中，用于化妆品和制药。

（二）以色列出口生物技术作物产品，并会根据进口国的规定进行标记

由于以色列使用含转基因成分的进口原材料，出口到美国和其他国家的部分产品很可能含有转基因成分，这类产品包括：粮食、油菜籽或棉花。在这种情况下，以色列生产商和出口商会遵守进口国关于转基因标签的规定，对其商品进行相应的标记。

（三）以色列进口的所有用于食品和饲料生产的大豆和玉米，主要为转基因品种

2018 年，以色列进口了约 43.95 万吨大豆和 160 万吨玉米，其中 98 200 吨大豆和 47 600 吨玉米来自美国。其他供应商来自南美和黑海。

（四）以色列没有转基因动物的商业化生产和贸易行为，动物基因工程的研究较少

以色列对动物基因工程的研究有限，没有生产或进口转基因动物。农业部兽医处负责转基因动物的生产试验和监管。没有关于转基因动物进口的法规。

来源：美国农业部

美国2018年生物技术概况和趋势

自 1996 年以来，美国一直是世界上商业化种植生物技术作物的领导者。在生物技术作物商业化的 21 年中（1996—2016 年），美国获得了丰厚的收益，达 803 亿美元，仅 2016 年一年就获得 73 亿美元的收益。美国是最早将生物技术作物商业化的 6 个国家之一，一直受益于这项技术，是开发和商业化生物技术作物和性状数量最多的国家，预计将保持这一地位。

一、美国大面积种植生物技术作物

2018 年，美国种植生物技术作物 7 500 万公顷，占全球种植生物技术作物面积的 39%。美国引领其他 25 个发达国家和发展中国家率先种植了生物技术作物，种植的作物包括玉米、大豆、棉花、油菜、甜菜、紫花苜蓿、木瓜、南瓜、苹果和马铃薯。

玉米

在美国 2018 年种植的 3 610 万公顷玉米中，92%（约 3 317 万公顷）为生物技术作物。其中有 72.1 万公顷转基因抗虫（IR）玉米、361 万公顷转基因耐除草剂（HT）玉米和 2 885 万公顷的转基因叠层（IR/HT）性状玉米。

大豆

2018 年美国大豆种植面积为 3 626 万公顷，其中转基因 HT 大豆占 94%，相当于 3 408 万公顷。

紫花苜蓿

美国种植了 850 万公顷紫花苜蓿，其中 15% 是生物技术品种，相当于 126 万公顷。耐除草剂品种种植面积为 114 万公顷。HarvXtra ™的种植面积从 2016 年第一次种植时的 2 万公顷增加到 2018 年的 12 万公顷，增加了 5 倍。

棉花

2018 年，生物技术棉花种植面积占美国棉花总种植面积的 94%，约为 510 万公顷。棉花种植面积为 16 万公顷，HT 棉花种植面积为 48 万公顷，IR/HT 棉花种植面积为 440 万公顷。

油菜籽

采用生物技术种植的油菜籽种植面积从 2017 年的 87.6 万公顷增加到 2018 年的 89.8 万公顷，增长了 2.5%。

其他作物：甜菜、南瓜、木瓜、苹果、马铃薯

2018 年，美国甜菜种植面积为 49.1 万公顷，100% 为转基因抗除草剂甜菜；在夏威夷种植了小面积的生物技术抗病毒南瓜（1 000 公顷）和抗 PRSV 木瓜（405 公顷）；小面积种植了 3 个非褐化北极 ® 苹果品种（Golden Delicious、Granny 和 Fuji ，240 公顷），是 2017 年种植面积的 2.4 倍；Innate® 马铃薯总种植面积为 1 700 公顷。

二、美国现任政府采取各种措施推动生物技术的发展

美国自 1996 年以来一直走在生物技术作物研究、开发和商业化的前沿。在特朗普任下，政府已经采取各种举措，推动生物技术的发展，如精简阻碍生物技术发展的法规，加速领域发展并使监管透明化，降低农业生物技术产品开发成本等。美国农业部（USDA）和美国食品和药物管理局（USFDA）承诺在其他联邦机构的协助下，实现《生物技术监管协调框架》和美国农业生物技术监管体系的现代化，为生物技术产品制定有效的、科学的监管办法。

三、2018 年批准了黄金大米和 *Bt* 甘蔗两种转基因作物用作食品

2018 年，USFDA 对黄金大米 GR2E 的生物安全性进行了认定，批准其进入食品市场。这是一种通过基因工程生产维生素原 A 类胡萝卜素的大米。USFDA 同意国际水稻研究所（IRRI）关于黄金大米安全性和营养的评估。这是继 2018 年 2 月和 3 月获得澳大利亚、新西兰食品标准委员会（FSANZ）和加拿大卫生部（Health Canada）批准之后，对黄金大米进行的第三次食品安全评价。此外，USFDA 还认定了巴西生产的 *Bt* 甘蔗的生物安全性，批准其进入食品市场。这种甘蔗生产出的原糖和精制糖与其他甘蔗品种产出的原糖和精制糖成分无显著差异。

来源：ISAAA

日本生物技术监管与产业现状分析

在日本，现代生物技术在植物育种中的应用已经比较普遍。该国大量进口转基因大豆和玉米用作食品和饲料，是全球人均最大的转基因产品进口国之一。日本政府支持对生物技术的研究开发，同时也非常重视转基因生物的生态环境安全和食用安全，建立了一套操作性强、实用性强的安全评价制度和产品监管制度。地方政府也分别制定了种植转基因作物的法规。目前唯一获批商业化生产的植物是转基因玫瑰。

一、日本农业生物技术政策与监管

（一）日本政府鼓励对基因组编辑技术的研究，但由于种种原因，日本转基因技术发展速度放缓

日本大多数农业生物技术研发都是由政府部门通过政府研究机构和大学进行的。日本政府的国家科技创新项目“跨部门战略创新促进计划（SIP）”鼓励对基因组编辑技术的研究。项目包括一种营养强化的番茄，一种毒素减少的土豆，一种用于水产养殖的不具有攻击性的鲭鱼，以及高产水稻。

然而，目前也存在着一些不可忽视的因素导致日本转基因技术发展速度

放缓，这些因素包括：消费者对转基因产品持谨慎态度、15个地方政府针对以研究为目的的转基因作物的种植和商业化种植分别制定了更为严格的监管法规，以及周边国家对转基因产品的反对态度等。

（二）日本拥有自己的转基因食品安全法律体系，确立了明确的监管框架和机构职能，并在近一年频频发布对创新技术的监管指南

日本是较早对转基因食品安全作出法律规定的国家之一，已形成自己独特的转基因食品安全法律体系。陆续通过并颁布了多部法令，包括：《转基因食品检验法》《转基因食品标识法》《食品卫生法》《饲料安全法》《关于通过使用活转基因生物条例保护和可持续利用生物多样性的法律》（也称《卡塔赫纳法》）等。

在日本，转基因植物产品的商业化需要食品、饲料和环境方面的批准。监管框架涉及4个部门：

- 农林渔业部（MAFF）；
- 卫生、劳工和福利部（MHLW）；
- 环境部（MOE）；
- 教育、文化、体育、科技部（MEXT）。

隶属于内阁办公室的独立风险评估机构——食品安全委员会（FSC）为MHLW进行食品安全风险评估，并为MAFF进行饲料安全风险评估。

监管机构负责制定必要的政策和程序，以处理其权限内的基因组编辑产品。

2019年10月，MAFF植物产品安全处发布了“通过在农业、林业和渔业领域使用基因组编辑技术获得的生物特定信息披露程序”的最终指南（JA2019-0196）。

2019年10月，MHLW发布了处理基因组编辑食品和食品添加剂的最终指南（JA2019-0011）。

在2020年2月，MAFF的动物产品安全部门发布了处理基因组编辑饲料和饲料添加剂的最终指南（JA2020-0034）。

在日本，将基因组编辑的产品商业化之前，要求产品开发者遵循相关的指导原则。

二、日本农业生物技术行业现状

（一）日本没有转基因食品的商业化生产，唯一获得批准的植物是转基因玫瑰

日本没有转基因食品的商业化生产。转基因公司生产的唯一商业化产品是三得利公司开发的玫瑰，该公司还开发和分销一种蓝色转基因康乃馨，种植地位于哥伦比亚。

（二）日本不出口生物技术作物产品，但出口的加工产品中可能含有转基因成分

日本不直接出口转基因农产品。2019 年，日本出口了 84 亿美元的食品和农产品，包括加工产品（28 亿美元）和畜产品（5.98 亿美元）。日本的畜牧业生产依赖进口饲料，其中包括转基因饲料玉米，因此，出口的加工产品中可能含有转基因成分。

（三）日本进口的用于食品和饲料生产的大豆和玉米，大部分为转基因品种

日本几乎 100% 的玉米和 94% 的大豆依赖进口，其中大部分为转基因品种。2019 年，日本进口了 1 600 万吨玉米，主要来自美国、巴西和阿根廷，其中约三分之一用于食品用途。

（四）日本唯一商业化的转基因动物是转基因蚕，没有转基因动物进出口的贸易行为

在日本，动物分子生物学的大部分研究都集中在人类医疗和药物用途上，主要由大学和政府公共研究机构进行，私营机构的参与有限。

在传统生物技术中，转基因蚕是日本第一个将动物生物技术商业化的物种。日本国家农业生物科学研究所（NIAS）一直致力于转基因蚕的开发，这种蚕可以产生高染色、发光的丝。

来源：美国农业部，世界农业

巴西生物技术政策与产业现状分析

巴西是全球第二大转基因作物种植国，已有 107 个转基因项目被批准用

于商业种植。在2018—2019年作物季，转基因玉米、棉花和大豆的种植面积约为5 180万公顷。中国是巴西大豆和棉花的主要出口市场，在2018年，巴西80%的大豆出口到中国，出口总额约达8 300万吨，创历史新高。银行为农民提供的补贴信贷、大型农业生物技术公司提供的外国投资以及利于生物技术发展的法律框架，都为转基因作物在巴西的广泛种植提供了有力的支持。

一、巴西农业生物技术政策与监管

（一）巴西非常重视生物技术的研发，积极推动与跨国种子公司的合作

巴西和跨国种子公司以及公共部门研究机构正在致力于开发各种转基因植物。目前，有许多转基因作物正在等待商业化批准，其中最重要的作物是马铃薯、木瓜、水稻和柑橘。

总部设在美国的CORTEVA Agriscience公司和巴西农业研究公司（EMBRAPA）最近签署了一项利用CRISPR技术进行研究的合作协议。该协议的实施将允许EMBRAPA将这项技术应用于所有适用的植物物种，以及用于农业用途的微生物。正在进行的第一个研究项目要求使用CRISPR技术开发耐旱和抗线虫的大豆品种。

2019年7月，巴西农业研究公司遗传资源与生物技术中心通过CRISPR/Cas9系统及其在改良植物上的应用，推广了第一个基因组编辑技术的实践课程。该活动汇集了巴西和拉丁美洲的专家，作为一个区域一体化方案，巩固了巴西、阿根廷、哥伦比亚、巴拉圭和乌拉圭之间在生物技术领域的合作。

（二）巴西拥有自己的转基因生物技术法律框架，并确立了明确的监管框架和机构职能

2005年3月24日，由巴西国会核准通过了《巴西生物安全法》第11105号法律，依据该法，成立了巴西国家生物安全理事会（CNBS），重组了国家生物安全技术委员会（CTNBio），拟定了“巴西生物安全政策”（PNB）。该法令的目的在于为转基因生物及其副产品在构建、培养、生产、操作、运输、转移、进出口、储存、科研、环境释放、转基因生物释放和商业化等环节设立了安全准则和监督机制。

巴西有两个主要的农业生物技术管理机构。

CNBS——该理事会隶属于总统办公厅，负责PNB的制定和实施。它为涉及生物技术的联邦机构确立了行政管理的原则和指令。在总统办公厅的主持下，CNBS由11名内阁部长组成，需要至少6名部长的法定人数才能批准任何相关事宜。

CTNBio——该委员会于1995年根据巴西第一部生物安全法（第8974号法律）成立，隶属于科技部。由来自联邦政府9个部门的官方代表，来自动物、植物、环境和卫生4个不同领域的12名专家，以及来自消费者保护和家庭农业等其他领域的6名专家组成。所有技术问题需经由CTNBio讨论和批准。任何用于动物饲料或进一步加工的农业商品，或任何即食产品，以及含有生物技术转化体的宠物食品的进口必须事先获得CTNBio的批准。2007年3月21日第11460号法律规定需要CTNBio 27名成员中的简单多数票才能批准新的生物技术产品。

2008年6月18日，CNBS决定，根据巴西生物技术法，CNBS将只审查涉及国家利益、涉及社会或经济问题的行政上诉。CNBS不会评估由CTNBio批准的生物技术转化体的技术决策。CNBS认为CTNBio对所有生物技术事件的批准都是决定性的。这个重要的决定，加上多数表决的改变，消除了巴西生物科技产品获得批准的主要障碍。

二、巴西农业生物技术行业现状

（一）巴西转基因作物商业化程度很高，转基因作物大面积种植

截至2019年12月10日，巴西共有107个转基因项目被批准用于商业种植，其中玉米项目60个，棉花项目23个，大豆项目19个，食用干豆项目1个，桉树项目1个，甘蔗项目3个。2018—2019年度的转基因作物种植面积达到5 180万公顷。其中转基因大豆种植率为95.7%，转基因棉花种植率为89.8%，一季转基因玉米种植率为90.7%，二季转基因玉米种植率为84.8%。具有抗除草剂特性的转基因品种的种植率最高，占总种植面积的65%，其次是抗虫性品种，占总种植面积的19%，堆叠基因品种占总种植面积的16%。近年来，由于巴西广泛采用转基因技术，大豆和玉米的产量创下了纪录。

（二）巴西是转基因作物的主要出口国，转基因大豆主要出口到中国

巴西是生物技术大豆、玉米和棉花的主要出口国之一。2018 年，巴西对中国农业出口总额达 310 亿美元，其中 270 亿美元为大豆和棉花产品。巴西 80% 的大豆出口到中国，2018 年出口总额约达 8 300 万吨，创历史新高。美国也是巴西出口的主要目的地，主要是糖、咖啡、烟草、橙汁和木制品等热带产品。

巴西的玉米主要出口到伊朗、越南和其他亚洲国家。巴西也是一个非转基因大豆出口国，尽管由于面积的减少，这些出口预计会下降。非转基因作物的种植较转基因作物种植需要更高的投入，15% 的价格溢价几乎无法弥补额外的生产成本。

（三）巴西转基因奶牛的研究已取得成功，已商业化多种转基因疫苗及衍生产品

巴西是全球第二大转基因植物生产国，但包括动物克隆和转基因动物在内的动物生物技术的研究和应用还处于起步阶段。巴西农业研究公司在转基因奶牛的研究上取得了成功，重组蛋白的研究也在进行中。巴西有完善的克隆动物研究体系，克隆研究始于 20 世纪 90 年代末，主要研究对象是克隆牛。

CTNBio 已经发布了 28 种用于商业用途（用于人 / 动物临床应用）的转基因疫苗，以及其他衍生产品（14 种微生物，以及一种治疗皮肤癌的药物）。

来源：美国农业部

阿根廷2018年生物技术/转基因作物商业化概况

2018 年，阿根廷在十大转基因作物种植国家中排名第三，转基因作物的种植面积总计达到 2 390 万公顷，占全球种植总面积（1.917 亿公顷）的 12%，比 2017 年种植的 2 360 万公顷增加了 30.954 万公顷（增长 1.3%）。

一、阿根廷大规模种植转基因作物，种植面积增长迅速

2018 年，阿根廷共种植了 2 390 万公顷转基因作物。包括 1 800 万公顷

转基因大豆、550 万公顷转基因玉米和 37 万公顷转基因棉花。转基因作物的应用率接近 100%。

大豆

2018 年阿根廷种植的大豆 100% 为转基因大豆。在 1 800 万公顷的转基因大豆中，1 368 万公顷为耐除草剂大豆，430 万公顷为堆叠抗虫大豆。

2015 年，农民开始在 7 万公顷的土地上种植具有复合性状的大豆 IntactaTM，到 2018 年，这种大豆的种植面积已经比 2017 年的 308 万公顷增长了 40.2%。

玉米

2018 年阿根廷种植了 570 万公顷玉米，97% 为转基因玉米。转基因玉米的种植面积从 2016 年的 490 万公顷增加到 2018 年的 551 万公顷，增长率超过 12%。其中 4.2 万公顷为 IR 性状品种，52.6 万公顷为 HT 性状品种，494 万公顷为堆叠 IR/HT 性状品种。

棉花

阿根廷转基因棉花种植面积从 2017 年的 25 万公顷增加到 2018 年的 40 万公顷，增长了近 40%。然而，种植率下降到 93%，并且都是堆叠 IR/HT 性状品种。

二、阿根廷加快转基因作物商业化速度，中国的准入是关键

阿根廷前几年转基因作物商业化的批准数量很低，到了 2018 年，阿根廷政府通过阿根廷国家农业生物技术咨询委员会（CONABIA）批准了 8 项生物技术应用：包括 4 个抗虫和耐除草剂复合玉米转化体，2 个耐除草剂大豆和 1 个苜蓿转化体，外加 1 个仅用于粮食、饲料和加工的大豆转化体。

由于中国是阿根廷农产品最重要的市场，政府在每一项生物技术活动的最终批准中都包含一项声明，即生物技术活动在商业化之前必须在中国获得批准。

来源：ISAAA

智利生物技术作物监管现状及进展

智利是世界上最重要的转基因种子生产国之一，出口的作物种子主要包括转基因玉米、大豆和油菜籽等，其主要客户来自美国、加拿大和南非。和美国、阿根廷、巴西、以色列等国一样，智利将基因编辑产品按照常规品种进行监管，认为基因编辑产品如果没有插入外源基因，就可以与常规作物品种一样进行监管，不按照转基因生物进行监管。

目前，智利在基因编辑作物的研发方面处于国际前列，所研发的作物品种可以应对因气候变化给当地农业带来的影响。许多经过生物技术开发的谷物、蔬菜和水果作物正处于田间试验阶段，其中包括大量通过 CRISPR 等基因编辑工具开发的作物。

一、智利转基因作物监管现状

智利研发并生产转基因种子用于出口。他国利用和种植从智利进口的转基因种子，再将收获的谷物出口到智利，用于智利的食品工业或动物饲料。

尽管智利对于转基因作物的食品（供人类和动物食用）没有进口限制，但该国没有明确的程序引导农民进行转基因农作物的商业化种植。智利农民不能将转基因技术用于国内的商业化种植。

智利的《环境基础法》规定，要获得在无限制地区种植转基因生物的授权，必须向环境影响评估系统（SEIA）提交申请。但是，至今尚没有任何协议或程序规定应该向 SEIA 提供什么信息、评估所需的时间、负责的人员或团队、标准等。

二、智利基因编辑作物监管和研究进展

（一）改进基因编辑作物产品的监管程序

尽管智利尚未出台允许在国内使用转基因生物的法规，但在 2017 年，智利成为继阿根廷之后，世界上第二个对包括 CRISPR 技术在内的新的生物技术育种（NBT）获得的植物产品实施监管的国家。

智利农牧局（SAG）建立了个案研究（逐个产品）咨询程序，以确定通

过 NBT 获得的作为最终产品的植物品种是否包含外部遗传序列（转基因）。如果不存在转基因，则该作物不受转基因相关法规的约束，SAG 必须在 20 个工作日内通过法律决议做出正式回应。

SAG 已收到 8 份请求，要求判定通过 CRISPR 和 TALEN 等技术改良的 8 种作物是否是转基因生物，这些作物包括抗旱性强的油菜、脂肪酸组成发生变化的亚麻和大豆，以及耐旱、增产和淀粉组成发生变化的玉米。

（二）推动公共机构基因编辑作物的研发工作

除了简化管理流程外，智利政府还出台了一些其他举措以加速这种最新的遗传改良技术的推广。智利的公共机构正在开发一系列经过基因编辑的农作物，其优势包括对干旱或盐碱的耐受性，这是解决该国十年来最严重的特大干旱以及土壤退化加剧的重要工具。

1991 年至 2013 年间，智利政府在 32 个生物技术作物开发项目中投资了 1 620 万美元，其中一半由智利农业科学研究院（INIA）负责，其余由大学和基金会进行。开发的作物包括蔬菜、谷物和果树。

来源：康奈尔科学联盟

德国2020年农业生物技术年度报告

2020 年 10 月 5 日，美国农业部海外农业局发布了《德国农业生物技术年度报告》，主要内容如下。

德国是欧盟人口最多、经济实力最强的国家。无论是在欧盟内部还是在全球，德国在农业政策方面都很有影响力。德国人一般对新技术持开放态度并乐于创新，但由于农业，尤其是农业生物技术在德国甚至欧盟占据着独特的政治地位，德国社会在农业生物技术问题上存在意识冲突，这反映在政府发布的政策和信息中。

公众对转基因作物的排斥很普遍。民调显示，德国公众对转基因食品的反对率稳定在 80% 左右，对这个问题的熟悉程度很高。德国近一代环保人士和消费者一直抗议在德国和全球农业中使用生物技术。生物技术试验田既是一种研究工具，也是欧盟监管审批程序的必要组成部分，但由于抗议者的频繁破坏，目前德国几乎没有相关的试验田。

在目前的环境下，除了现有的大豆饲料市场外，开发德国转基因作物或食品市场的前景非常黯淡。政治、商业、法规和社会壁垒引发了人们对德国农业生物技术领域长期竞争力的质疑。

在德国仍有大约130家从事农业和园艺作物育种和营销的公司，其中包括拜耳、巴斯夫和KWS等世界级的国际种子公司。这些跨国公司是转基因育种和常规育种种子向欧洲以外市场的主要供应商。然而，部分主要的德国农业公司已将研发业务转移到美国：拜耳在2004年将研发业务转移到美国，并在2018年6月完成了对孟山都的收购；巴斯夫在2012年也将研发业务转移到美国；KWS在2015年开设了美国生物技术研究中心。这是对欧洲对生物技术作物的负面态度的反应，也是对不存在的消费市场的反应。

然而，德国仍然是转基因产品的主要消费国，每年进口超过600万吨大豆和豆粕作为动物饲料。

来源：美国农业部

埃及2020年农业生物技术年度报告

2020年11月18日，美国农业部海外农业局（USDA-FAS）发布了《埃及2020年农业生物技术年度报告》。

埃及农业研究的重点是作物改良和作物品种开发，强调优化单位面积作物收益，以及应对生物和非生物胁迫。其农业生物技术研究的主要目标是生产耗水量少、产量高的植物品种，在大田作物方面主要关注小麦和玉米的研究。小麦研究计划的重点是建立小麦品种的再生系统，以及增加耐旱和耐盐基因。玉米研究计划的重点是建立埃及玉米和高粱自交系的离体再生（即植物的组织培养）；利用生物技术工具开发耐盐、耐干旱和耐高温的玉米和高粱新品种；优化基因瞬时表达体系；对生物强化高粱进行基因改造。

目前，埃及不允许转基因作物的种植和商业化，也没有转基因作物的出口。但埃及允许进口转基因产品，是粮食和饲料用大豆和玉米的净进口国。2019年埃及进口了1 000万吨玉米和450万吨大豆，以满足其不断增长的家禽和水产养殖业的饲料需求。

埃及没有生物安全的相关法律，仅颁布了一些有关农业生物技术的政令。生物技术的监督权划归农业和土地复垦部、卫生部、贸易与工业部、环境部四个部门，他们都是国家生物安全委员会的成员，但该委员会自2014年以来一直处于停滞状态。

此外，埃及没有正在开发的转基因或克隆动物。对于动物的生物技术活动，主要是开发牲畜重组疫苗和疾病诊断试剂盒，以提高牲畜、家禽和鱼类的产量。

来源：美国农业部

澳大利亚2020年农业生物技术年度报告

2020年12月4日，美国农业部海外农业局（USDA-FAS）发布了《澳大利亚2020年农业生物技术年度报告》。

在澳大利亚，关于生物技术的争论仍然是全社会关注的焦点。联邦政府对生物技术非常支持，承诺为研发提供长期资金支持，并批准生物技术产品，如转基因棉花、康乃馨和油菜品种的普及。最初，大多数州对引进这项技术持谨慎态度，并实行了暂停，用以防止转基因作物的种植。然而，在几次州级审查之后，新南威尔士州、维多利亚州和西澳大利亚州取消了对生产转基因油菜籽的暂停令。南澳大利亚州于2019年8月表示有意解除禁令，并于2020年5月通过立法，允许在南澳大利亚州除袋鼠岛以外的所有地区种植转基因作物。但在塔斯马尼亚岛和澳大利亚首都领地，暂停种植的禁令将延长到2029年。昆士兰州和北部地区没有实施暂停种植的禁令。

美国对澳大利亚有关农业生物技术及其衍生产品的政策和监管框架非常感兴趣，因为这些政策和监管框架可能对美国出口产生影响。报告指出，澳大利亚的两项政策扰乱了其与美国的贸易。政策之一：未经加工的（完整的）转基因玉米和大豆在澳大利亚还没有得到监管部门的批准，未经进一步加工就不允许进口。其次，转基因含量超过1%的食品必须事先获得批准并贴上标签，这有可能限制美国中间产品和加工产品的销售。澳大利亚在这一技术上的政策和观点可能会影响其他国家，并导致他国在制度、政策上的效仿。

来源：美国农业部

以色列2020年农业生物技术年度报告

2020 年 12 月 6 日，美国农业部海外农业局（USDA-FAS）发布了《以色列 2020 年农业生物技术年度报告》。

在以色列，转基因作物的生产仅被允许用于研究用途。唯一被允许商业种植的转基因作物是烟草，被化妆品和制药行业使用。一些转基因植物，如在以色列开发的观赏花卉，在国外市场上种植。以色列不生产或进口转基因动物。

截至 2020 年 9 月，以色列法规允许进口和销售转基因商品或衍生产品，并将其投入食品和饲料生产，以及观赏和医药用途。以色列 2005 年“植物和其他转基因生物种子法规”规定，没有有效的注册证书，不得销售转基因作物。以色列的宗教权威认定，在食品中使用转基因成分不会影响食物的洁食状态，因为这些成分是以微量比例存在的。目前，以色列进口的农业生物技术产品数量没有准确数据，国内实验用途有限。不同的国家将谷物和油籽运往以色列，其中相当一部分是生物技术品种。

2013 年 10 月，以色列卫生部（MOH）宣布了关于新型食品的新法规草案，包括使用生物技术生产的食品。但目前还不清楚该规定何时实施。

2017 年 3 月，国家转基因植物委员会发布了一项决定，即仅导致核苷酸缺失且未插入外源脱氧核糖核酸的基因编辑植物不被视为转基因植物，不受转基因种子监管。然而，申请人必须提交数据，证明它们符合确定的标准，以确保外源基因序列没有被纳入植物基因组。其他包括外来基因的基因编辑作物及其后代应遵守转基因种子法规中的规定和指南。

虽然以色列科学家通常支持生物技术，但环境活动家对其使用表示关切。当地媒体很少讨论基因工程，大多数以色列人对转基因产品的使用没有明确意向。

来源：美国农业部

意大利2020年农业生物技术年度报告

2020 年 12 月 12 日，美国农业部海外农业局（USDA-FAS）发布了《意大利 2020 年农业生物技术年度报告》。

农业是意大利重要的经济部门之一，约占国内生产总值（GDP）的 2%。该国依赖进口的生物技术大宗商品作为其畜牧业的饲料，主要进口作物为大豆（2019 年进口 200 万吨）和豆粕（2019 年进口 190 万吨）。然而，人们对转基因作物的普遍态度仍然是反对的。全国媒体对转基因作物实验的争论使得支持转基因研究和种植在政治上变得不合时宜。因此，转基因产品的公共和私人研究经费已逐渐削减到零，目前，意大利没有对转基因作物进行田间试验。

关于转基因动物和克隆动物，意大利专注于对基因组选择的研究，以改善动物育种，并且该研究主要应用于医学或制药领域。意大利没有对克隆动物进行商业化生产。

意大利对利用微生物生物技术开发的食品配料进行商业化生产，意大利公司致力于各种细菌、酵母菌、真菌和酶的研究，并将它们应用于食品制造、制药、生物工业和兽医领域。

来源：美国农业部

新西兰2020年农业生物技术年度报告

2020 年 12 月 13 日，美国农业部海外农业局（USDA-FAS）发布了《新西兰 2020 年农业生物技术年度报告》。

科研方面，新西兰已经先后批准了 21 项包含多种生物技术作物和动物的农田试验。目前正在进行的生物技术研究有两项。在新西兰，基因工程产品受到 1996 年《有害物质和新生物法》（HSNO）的监管，并由环境保护局（EPA）管理。在 EPA 成立之前，环境风险管理局负责实施 HSNO 法。EPA 的运作方式与新西兰政府对生物技术的谨慎态度相一致，只在收益大于预期风险的情况下才批准申请。

新西兰没有生物技术作物的商业种植。由于担心生物技术可能对销往海外的产品产生负面影响，农业组织和农民仍然对生物技术的使用持谨慎态度。

在新西兰销售的转基因食品必须得到澳大利亚和新西兰食品标准局（FSANZ）的批准。到目前为止，有78种经FSANZ批准的转基因食品可以上市销售。在新西兰出售的所有转基因食品都必须贴上标签。动物饲料没有涵盖在HSNO法案的范围内，可以进口到新西兰，因为新西兰的法律没有区分转基因饲料和非转基因饲料。用转基因饲料喂养的动物的肉类和其他产品不需要贴上标签。

使用微生物生物技术生产的食品成分与使用生物技术生产的动植物受统一的法律法规监管。

来源：美国农业部